U0038287

A New Chapter of
Water in Life

致謝

我們感謝

中央研究院地球科學研究所汪中和研究員，

台北醫學大學附設醫院林秀真醫師／主任，

台北元林診所林元灝醫師／院長

對本書部分實驗內容的貢獻。

特別感謝雅書堂文化事業蔡總編及編輯部人員

於出版過程給予各方面的指導與建議。

Water at the Turning Point

A New Chapter of Water in Life

水書

掀開生命之水新的一章

「對於社會，我們認為學者有一種責任，

至少必須在自己的專業領域中，

力圖藉由研究，摒除利益的考量，

就只為澄清觀念、端正視聽。

我們希望這本書可以引起專業人士的關注，

從『源頭』開始，

導正社會大眾的健康飲水觀念，

脫離人云亦云、以訛傳訛的惡性循環。」

郭憲壽・蕭超隆

Contents

Chapter 2 人體，需要什麼樣的水？

Chapter 3 水，在人體內的各種運作狀況

推薦序

原汁原味的「水書」

中天生物科技集團 總裁 路孔明

關於「水」，地球上所有的生命，小至細胞，大至複雜的生物體，都需要「水」。我們人類在探索外太空生命的時候，「水」即是尋找生命首要的必備條件。從過去到現在，許多的科學專文、報章雜誌，皆強調「水」已經是地球上最重要且最珍貴的資源。

本書在〈水的物性〉一文中，引用《自然》雜誌編輯顧問保爾的一句話。保爾說：「沒有人真的懂水，說起來實在很漏氣，覆蓋地球表面三分之二的物質，居然到現在仍然是個謎。」這讓我相當驚訝，原來我們每天所賴以維生的水，人類對它卻是一知半解。事實上，市面上許多關於水方面的書籍，幾乎都著重在「水的內容物」，而非「水」的內容物。 比方說，礦泉水中的「礦物質」，而非礦泉水中的「水」。

這是一本原汁原味的「水書」。這本「水書」最具特色的地方在於，作者利用水的自然組成狀態，透過自身的研究成果與實驗數據，勾勒出水與生命以及人體健康狀態的絕妙關係。這是一本真正在講「水」的好書。

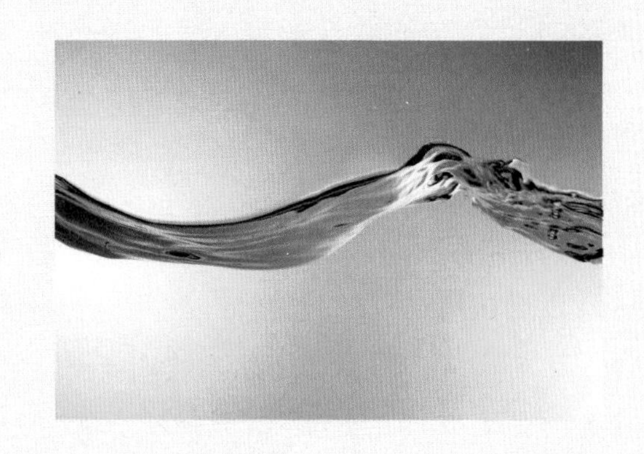

諾貝爾物理獎得主薛丁格（Erwin Schrodinger）的著作《生命是什麼？》（*What Is Life?*）一書，對於諾貝爾醫學獎得主的華生（James D. Watson）、克里克（Francis H. C. Crick）解開「去氧核醣核酸構造」具有重要的啟示。華生與克里克的這個研究，堪稱是人類生命科學史上最重要的發現。而這本《水書》，則是做了拋磚引玉的功德，因為它讓讀者享受真正認識水的快活！

本書的兩位作者，都是我的好友，具有專業的科學涵養與訓練，透過他們的學識與研究，共同完成了這本「水書」。

這是一本水與生命對話的好書，我推薦大家一起來閱讀！

自序

滌蕩眾說紛云，通透水的生命奧妙

生命科學領域的研究，總是以生命體的那些「明星級物質」，DNA、RNA或蛋白質作為探討研究的對象，然而，生命體中最多的物質——水，在科學研究或是生理教科書中，卻總是只被定位為生物體內的溶劑。

水是兩個氫和一個氧原子形成的化合物，分子式H_2O，分子量只有18 g/mole，特殊的物性使之異於一般物質所遵守的物理化學法則。例如水的沸點，一般物質的沸點是依分子量的增加而增高，因為分子量增加使分子間作用力變大。硫化氫氣（H_2S）分子量34 g/mole，沸點-59.6°C；硒化氫（H_2Se）分子量81 g/mole，沸點 -42°C；碲化氫(H_2Te)分子量129.6 g/mole，沸點-2.2°C。依該分子量大小與沸點的關係推估，水的沸點應該是-80°C，然而實際上是+100°C。其他物性，如融點、比熱等也相當特殊。生命從一開始演化到今天，始終沒能與水完整地切割，具有如此特殊物性的「水」，生命不但無法與之切割，反之，乃極為緊密地依賴著它。

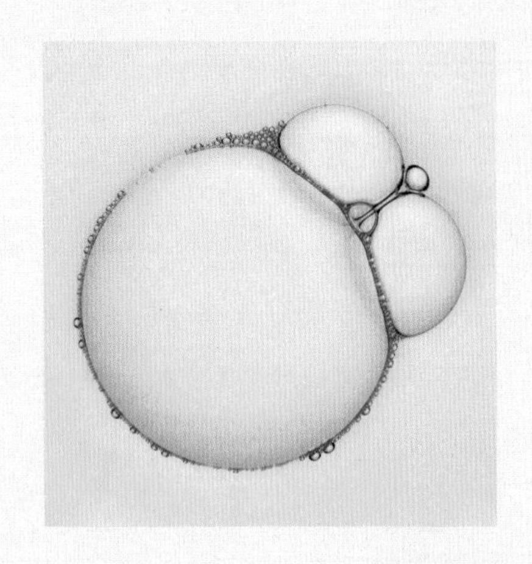

生命為何離不開水？我們嘗試從「水的物性」切入，探索問題的根本。物性源自構造，而細胞是生命最小的單位構造，只要能夠找出細胞體內、外水的不同構造，或許就有合理的答案，但是水的構造到目前為止尚未定論。然而，我們卻在水的分子組成上，很幸運地看到了一般水和體內水有不同的穩定同位素組成狀態。這個發現使我們終於明白，為什麼生命離不開水。

原來，細胞內生化分子不僅需要水來驅動，使其摺疊形成具生理活性所必需的立體構造，更需要從水獲得同位素以安定細胞內生化分子，藉此抵禦氧化或輻射攻擊。除此之外，我們也發現到，細胞內、外水的穩定氫氧同位素組成狀態，以特殊的模式存在著，兩者並不相同，這使我們在應用上，得以辨別健康人與患者體內水（血漿）組成狀態的差異。

本書一開始安排了飲用水的章節，因為飲用水和健康息息相關。然而，世界上沒有任何一個國家販售「標準飲用水」，只訂定了水質的標準門檻。也因此，面對市面上種類五花八門的飲用水，一般大眾或職場專家想要在這一片「茫茫水海」中，正確地選擇一款適合自己的飲用水（包括瓶裝水），唯有充足水知識，或許是比較保險可靠的方式。

有關飲用水的科普中文書籍，在網路書店至少有五十本以上，但絕大部分是針對特定對象的水，以巨觀的立場進行闡述。本書則是以科學為依據，從水的物性、水中溶質與健康出發，站在分子微觀的立場，結合我們自己的實驗研究數據，客觀地進行綜合論述。

綜覽這些坊間有關水的科普中文書籍，雖然品類繁多，然而許多嚴謹的資訊與科學研究資料卻總付之闕如。藉由這一本書，我們自期能夠盡量提供給讀者的，正是這些深層、細緻且經過科學驗證的東西——這是身為學者，所應承擔的社會責任。

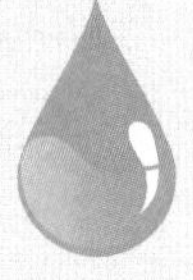

閱讀導引

水之於生命，不該只是簡答題

開始撰寫此本《水書》早已是八年前的事了。這期間，書稿內容雖然斷斷續續地修補與增減，不變的卻是我們一心一意想要給社會普羅大眾對「水」的一些「心內話」。我們嘗試從不同的角度，以「水」分子為立場，佐以我們自身的科學研究數據與前人的研究成果，得到這樣的結論——

生命體的水不等同與一般的天然水。

向水扣問：生命是什麼？

市面上，林林總總關於水的中文出版品或翻譯書籍，琳瑯滿目，約略估計，至少超過七十本。市面上始終不乏以水為主題的書籍，但所論述的不外乎是那些比較表層的議題，也因此，社會大眾對於水的認知也似乎在不知不覺的情況下被制約了。只要一談到水，幾乎所有的人都會不約而同地問：「喝什麼水最好？」在出版會議上，我們與出版社雅書堂對於「水書」的架構與內容有許多的討論，討論的過程中有許多的掙扎，究其癥結，大概也是源自於此吧！然而，在我們看來，「喝什麼水最好？」這一類的問題，就好像在問：「什麼樣的人是好人？」這樣的問題很難提出確切的、標準的說法，好水一如好人，其實是很難被定義的。

如果我們知道構成水分子的原子有所謂同位素的存在，或許對於這樣的問題就相對地容易了解。水分子本身的組成比我們原本想的要複雜許多，正因為這樣的複雜性，「水」賦予了我們生命，且成為生命中不可替換的重要角色。

一般而言，探討「生命是什麼」的時候，總是以去氧核醣核酸（DNA）、核醣核酸（RNA）或蛋白質這些「明星級」的物質作為生命體的訴求重點，然而，其中占生命體成分最多的，卻是眾所皆知的「水」。

其實，水和空氣都是一種混合物，「水」有十八種不同的水分子，但是人體使用這兩種混合物的方式卻不相同。就空氣而言，人體早在肺臟演化出一套篩選只占21%氧氣的肺泡組織；而對於每天從嘴巴喝到肚子約2.1公升的水，卻不須篩選，全分子放行進入血液循環系統。生命體為什麼如此放心地讓水這樣的「混合物」進入體內，是演化不出篩選器官嗎？抑或有其他的原因？

水的物性，例如沸點、融點、比熱等都遠離一般物質所遵守的物理化學法則，換句話說，性質特殊。難怪知名科學期刊《自然》的特約編輯顧問保爾（Philip Ball）在該雜誌上說：「沒有一個人真正懂水。」雖然沒有一個人真正懂水，但是，生命從一開始進化到今天卻始終沒有離開過水，生命和水到底有什麼特殊的關係？

於我們而言，諸多懸而未解的疑問總是帶有一股莫名的吸引力，我們為此「瘋」水十五年。在做學問的路上，我們帶著吹毛求疵的精神不斷前進，時間漫長，卻很值得，因為我們把生命體內水的新功能給揭開了。

本書各章節的主題概述

本書分三章共三十小節。第一章共七小節，其重點在於「水的基本性質」，內容含括水的組成分子、水中溶質和水的構造。本章特別插入乙醇水溶液立體構造形成的機制，此一參考模型，是為了衍繹生命體內的巨大生物分子，透過水自身的特性，展現出複雜的立體構造。由於分子立體構造不容易在平面上表現，我們特別附上二維條碼（QR code）提供線上查看。

第二章共十小節，以「飲用水」為中心，進行相關內容的闡述。相信許多讀者都曾經有過這樣的經驗，當進入便利商店想買一瓶水解渴時，總會在整排各色各樣的瓶裝水前面猶疑好幾分鐘，最後雀屏中選的那一款飲用水，可能只是因為它是最近常在媒體上出現，或包裝很吸睛、很「卡哇伊」。

其實，並沒有所謂的「標準飲用水」，飲用水（含包裝水）的最低要求就是必須符合官方水質標準門檻。在這種現況之下，一般大眾，特別是各職場上的專業人員，如醫事人員、健康食品開發人員、飲用水產品研發人員等等，根本無所適從。第二章第一、二小節，配合第一章的內容，與第三章第二小節〈水如何進出細胞〉並看，原則上便已經告訴讀者如何選一瓶讓自己放心的飲用水。接下來進入飲用水的微觀面向，因為一般水都有穩定氫氧同位素的存在，倘若水的「重」同位素所占的比例高，水會比較重，「重」同位素所占的比例少，水相對比較輕，其比值以δ‰（千分比）表示，而實驗室常用的重水指的是重氫的水，或稱氘水，氘水內的重氫比例則是以%（百分比）作為計量。比較重的水，或重水對生物到底有什麼樣的影響，在第二章都會介紹。

第三章共有十三小節，主要介紹體內水的各種運作與功能。內容包括體內、體外水的運動狀態，以及體內、體外水的穩定氫氧同位素組成狀態。體內水的穩定氫氧同位素狀態，是這些年我們所研究的全新題目。我們在一顆蛋的蛋黃和蛋白中的水發現，兩者居然有不同的的同位素比值，而在人體部分，我們則觀察到人體對於一般水的穩定氫氧同位素具有分化的作用。同時，我們也發現，健康人體內水（血漿的水）的穩定氫氧同位素有恆定作用，可是病患體內水的比值則遠離健康人的恆定值。這樣的結果在臨床醫學與生理檢驗有著重要的意義和指標。病患體內水的同位素比值遠離於健康人的恆定值，意謂著生命體內水有記憶健康狀態的功能。因此，對於水有記憶一事，我們也做出了分子機制的推論。

生命體為什麼放心地讓「混合物」直接進入體內？生命和水到底有著什麼特殊的關係呢？

體內水所表現的穩定氫氧同位素比值，說明了「重」同位素的不可或缺性。很顯然，人體需要的是「混合物」的水，因為單一種水分子的純水（$^{1}H_2{}^{16}O$）是不能提供「重」同位素的。

The devil is in the details——魔鬼就在細節裡。以微觀的角度進行探查，「水」賦予生命體的任務早已遠遠地超乎我們的認知！這些微量、看來似乎微不足道的「混合物」（同位素）的水，隱然連結了過去和現在，維持著生命體的運作。換而言之，可以肯定的是，「水」所賦予生命體的活力在未來是不會有退場機制的。是的，水在生命科學領域中，還蘊藏著許多值得我們去細細品嚐的真相。

生命之源：水的組成與構造

1-1 水，比你想像的更重要
——知識plus！增添喝水的自信

生活中有許多的「水」事，以下這些情境，對許多人而言並不陌生。早上起床，從家中的溫水瓶中倒出來一杯水，緩緩喝下，喚醒身體的細胞，迎接美好的一天；吃早餐時習慣配奶茶、配咖啡，滿足味蕾；代替公司出差，搭上高鐵商務車廂，服務人員送上了一瓶塑膠瓶裝的小礦泉水，隨手放進背包，心想著出門在外可以補充水分；拜訪A客戶後，中午在餐廳喝了店家特別招待的檸檬氣泡水，也吃了特別招待的西瓜；下午在B客戶那兒喝了用RO水泡的高山茶，聽說RO水是「軟水」，泡茶很好喝；晚上總算回到家，忙著整理資料，而且也不覺得渴就忘了喝水，到了睡覺前渴了想喝水卻不敢多喝，一來怕睡到一半起床上廁所，也聽說睡前喝水會水腫……

水，在一天當中，隱身在各種不同形態的食物中，不斷地進到我們的身體裡，如此親密，但你真的認識它嗎？

「水？不就是H_2O？這國中理化課就學過了！很複雜嗎？」古人有句話說「看似尋常最奇崛」，大自然的奧妙往往無法讓人「一窺究竟」。雖然水的化學式僅是H_2O，但是，因為自然界中同位素的存在，即使是H_2O裡的H（氫元素）就有三種同位素，O（氧元素）也同樣有三種同位素，這樣的情況之下，我們日常生活中的飲用水，事實上是由九種水組成的「混合水」（詳見1-2〈天然水由十八種水組成〉，P.23）。

現代人都了解水的重要性，也都明白「水」是生活中不可或缺的重要資源。但是，即便我們每天都在喝水、接觸水，不可諱言，我們對水的認識卻不過是九牛一毛，水的多樣性超乎我們的想像。經常聽到出遠門的旅人，或是阿公、阿嬤們自嘲式的抱怨：「我的身體比氣象台夠卡準！」不禁令我們聯想到，莫非這與身體裡的水是相關的？「水土不服」大家耳熟能詳，這是一句古人經驗累積的名言，句子中的「水」卻可能大有文章，與我們生活經驗對水的認知大相徑庭（詳見Column 2〈「水」土不服〉，P.108）。

飲用水進到身體裡之後，是如何運作的呢？水在身體裡的分布情形又是如何？（詳見3-4〈人體水分的收支〉，P.130）首先我們必須知道身體裡有一個特殊的「水通道」（詳見3-2〈水如何進出細胞〉，P.114），而進到細胞內的水與留在細胞外的水也有著不一樣的同位素組成狀態，藉由研究細胞內、外水的不同，我們探討並提供研究數據，試圖解開延緩老化、延長壽命的關鍵密碼（詳見3-3〈細胞內、外水的狀態〉，P.119）。

認識細胞內、外的水確實有其必要性。眾所皆知，一旦細胞內、外的水失衡，生命終將受到威脅，因此，認識水，是不能忽略的「生命課題」。如果我們能夠從基礎面來補充水知識，認識自然界同位素在「水」中可能扮演的角色，以及對環境、對生命體的影響，同時懂得水在體內運作的原理，或許在「選擇喝什麼水」的這個議題上，就能為自己增添喝水的自信。正所謂，清楚的認知才能產生智慧，「聰明地喝水」絕對是我們不能忽略的「生命課題」！

1-2 天然水由十八種水組成

——成為水達人的第一步：認識水的同位素

水是氫和氧兩種元素組成的物質，化學分子式H_2O。由於自然界大部分的元素都有一個以上的同位素，H_2O並非表示只有一種水。所謂同位素，是指元素間有相同質子數，不同中子數的化學元素導致質量數不同。同位素有穩定及不穩定兩種，「穩定同位素」是同位素的輻射不會經時而衰減，「不穩定同位素」則是會經時而衰減的同位素，也就是放射性同位素。

氫元素有三種同位素：比較輕的同位素（^{1}H），原子核只有一個質子；還有比較重的重氫（^{2}H），或稱「氘」（D），除了一個質子之外，又多一個中子，質量約氫（^{1}H）的兩倍；以及存在相當少的「氚」（^{3}H, T）（圖 1）。這些同位素的存在量比例大約是：^{1}H（99.984 %），^{2}H（0.0156 %），^{3}H（4×10^{-15} %）。

氧元素也有三種同位素：^{16}O、^{17}O、^{18}O，其原子核質子數都是8，而中子數分別為8、9、10（圖 2）。這些同位素存在量的比例大約是：^{16}O（99.758 %），^{17}O（0.0374 %），^{18}O（0.2039 %）。

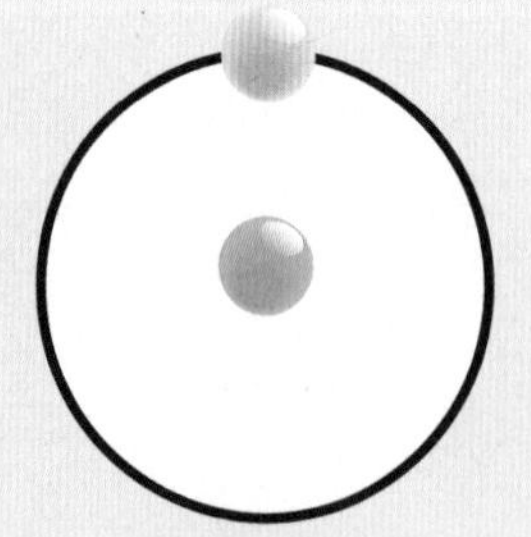

氫原子
^{1}H

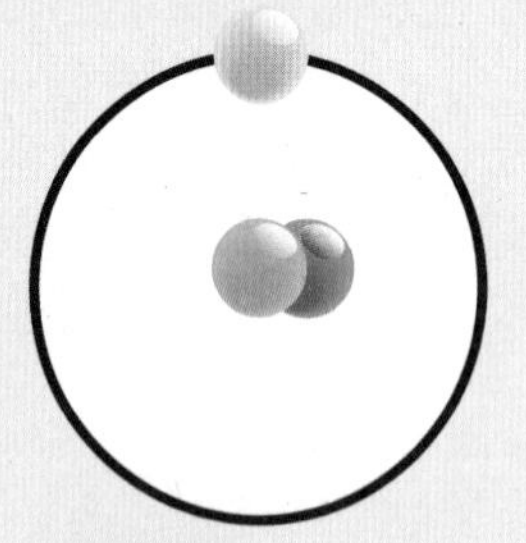

重氫原子（氘）
^{2}H（D）

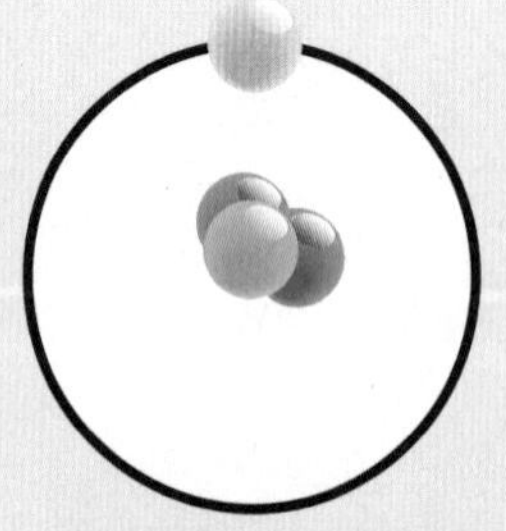

重氫原子（氚）
^{3}H（T）

圖1：氫元素的三種同位素

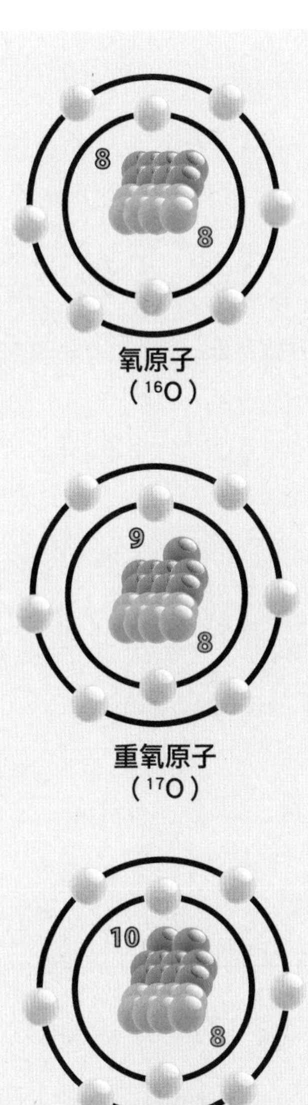

圖2：氧元素的三種同位素

所以，天然水事實上是由十八種不同的水組合而成的「混合水」（表1）。

十八種不同的水當中，氚因為含量太少而省略，而事實上，一般我們喝的水是九種水組成的混合水（表2）。其中$^{1}H_2{}^{16}O$共占了99.76%，由於其質量只有18，最輕，又稱「輕水」；其他八種水均含有「重」同位素，其質量皆大於18，廣義上都是重水（本書以「重的水」表示）。但是，一般稱「重水」指的是$^{2}H_2{}^{16}O$（D_2O），又稱「氘水」。

表1：^{1}H，$^{2}H(D)$，$^{3}H(T)$ 與^{16}O，^{17}O，^{18}O組合的十八種水

$H_2{}^{16}O$	$HD^{16}O$	$D_2{}^{16}O$	$T_2{}^{16}O$	$DT^{16}O$	$HT^{16}O$
$H_2{}^{17}O$	$HD^{17}O$	$D_2{}^{17}O$	$T_2{}^{17}O$	$DT^{17}O$	$HT^{17}O$
$H_2{}^{18}O$	$HD^{18}O$	$D_2{}^{18}O$	$T_2{}^{18}O$	$DT^{18}O$	$HT^{18}O$

天然水中的氚（^{3}H）是放射性同位素，半衰期12.3年，因此盛裝在密封的、與外在空氣隔絕的容器中的天然水，經過很長的時間之後，天然水中的氚同位素會逐漸地消失。葡萄酒的年份就是利用氚同位素的濃度來做決定，可以說是一種分子時鐘。

貝類利用海洋中的水、氧氣、碳酸離子等，經過複雜的代謝來合成碳酸鈣貝殼，其在生合成（Biosynthesis）的過程之中，水溫比較高時，碳酸鈣所攝取的重氧^{18}O比例會減少，^{16}O的比例會增高，因此，從貝殼中的^{18}O與^{16}O比例可以得知貝殼形成時的水溫，可以說是一種分子溫度計。

表2：一般水的九種水及其含量*

	HH	HD	DD
^{16}O	$H_2{}^{16}O$（99.76）	$HD^{16}O$（0.032）	$D_2{}^{16}O$（0.000003）
^{17}O	$H_2{}^{17}O$（0.037）	$HD^{17}O$（0.00001）	$D_2{}^{17}O$，$D_2{}^{18}O$（0.000001）
^{18}O	$H_2{}^{18}O$（0.170）	$HD^{18}O$（0.00006）	

＊括弧內的數字為其百分比含量

1-3 水中無機物質

——喝水不是喝補品，養成正確飲水觀

生命活動所需要的元素稱為生命必需元素，目前科學家普遍認為共有二十八種：氫（H）、硼（B）、碳（C）、氮（N）、氧（O）、氟（F）、鈉（Na）、鎂（Mg）、矽（Si）、磷（P）、硫（S）、氯（Cl）、鉀（K）、鈣（Ca）、釩（V）、鉻（Cr）、錳（Mn）、鐵（Fe）、鈷（Co）、鎳（Ni）、銅（Cu）、鋅（Zn）、砷（As）、硒（Se）、溴（Br）、鉬（Mo）、錫（Sn）、碘（I）。

人體內濃度0.01%以上的元素有：氧（65%）、碳（18%）、氫（10%）、氮（3.0%）、鈣（1.5%）、磷（1.0%）、硫（0.25%）、鉀（0.20%）、鈉（0.15%）、鎂（0.15%）及氯（0.15%），共計十一種（總占比99.4%），屬於必需常量元素；濃度0.01%（100 ppm）以下的有鐵、鋅、銅、硒、錳、鈷、鎳、鉻、鉬、氟、矽及碘等十二種，屬於必需微量元素（硼只限植物含有）。

人體組織中，有好幾千種蛋白質或酵素含有金屬元素，每一個金屬蛋白質都有特殊的生化反應催化作用，例如：電子移動、物質輸

送、酵素分子的搬運或儲存、訊息傳遞、氧化還原、水解等。因此，想要擁有健康的生活，每天必須適量補充這麼多的微量元素。

元素的補充，除了種類之外，尚需要考慮其存在的狀態是否能夠有效地被生體所吸收。元素的存在有一定的化學形態（speciation），以鐵離子為例，三價鐵（Fe^{3+}）在不同的形態之下，其催化活性有很大的差異。Fe^{3+}單獨在水中的形態（圖3A），Fe^{3+}和有機分子卟啉（porphyrin）配位形成的血紅素鐵錯化物形態（圖3B），這兩種離子形態在過氧化氫（H_2O_2）的分解反應上，後者要比前者高出一千倍。

如果血紅素鐵錯化物與蛋白質鍵結成過氧化氫酶或過氧化物酶等鐵酵素（圖3C），反應將超過一百億倍。食物中的鐵分為「血基質鐵」和「非血基質鐵」，是三價鐵與胺基酸或小胜肽結合而成的鐵化合物。血基質鐵來源為動物組織，如肝臟；非血基質鐵主要來自植物。前者鐵離子以有機卟啉分子包裹，後者鐵離子以其他有機分子形成錯化物。鐵化合物在胃中還元成二價鐵後，大部分在十二指腸黏膜被吸收。在一項體內微量金屬元素形態研究中，以血漿為模型，發現鐵是以$Fe (citric\ acid) (OH)^-$，鋅是以$Zn (Cys)^{2-}$，銅是以$Cu (CysSSCys) (His)^+$的有機錯化物形態存在。

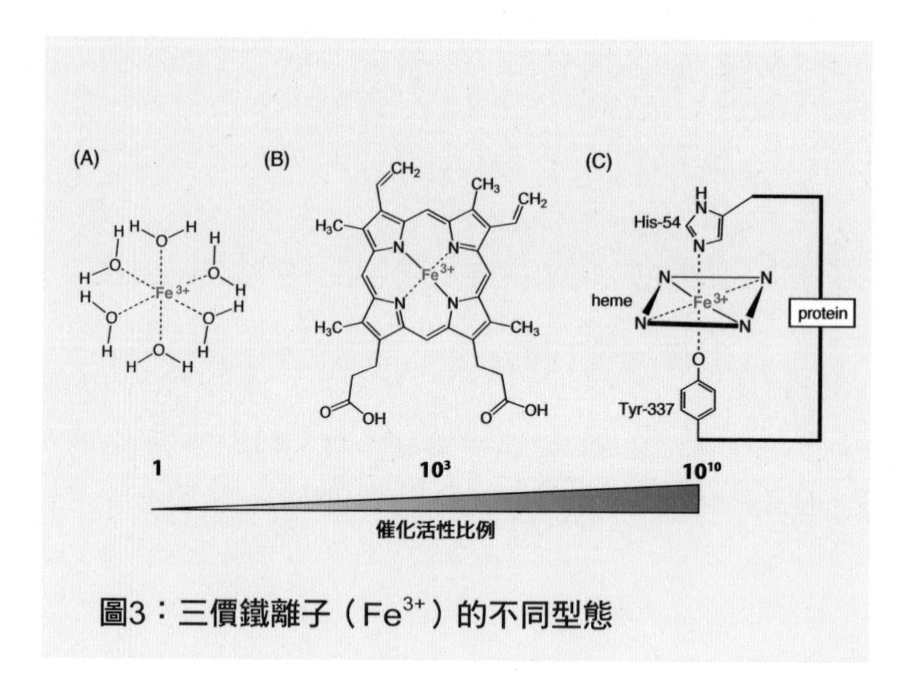

圖3：三價鐵離子（Fe^{3+}）的不同型態

鈷屬於人體必需微量金屬元素，鈷缺乏會造成惡性貧血、食欲不振、體重減輕等。體內的鈷元素幾乎存在氰鈷胺分子之中（圖4左）。氰鈷胺分子即維生素B12，維生素B12是唯一含有礦物質的維生素，由於動物體內自己不能合成，包括人類在內的動物都必須從食物中攝取，水中的鈷離子（圖4右）並不能提供人體所需。

也上搜集各種各樣的元素是植物特有的性質。以綠茶為例，
四十種元素（圖6）。因此，人體需要的礦物質與微量元素可
從食物中攝取。

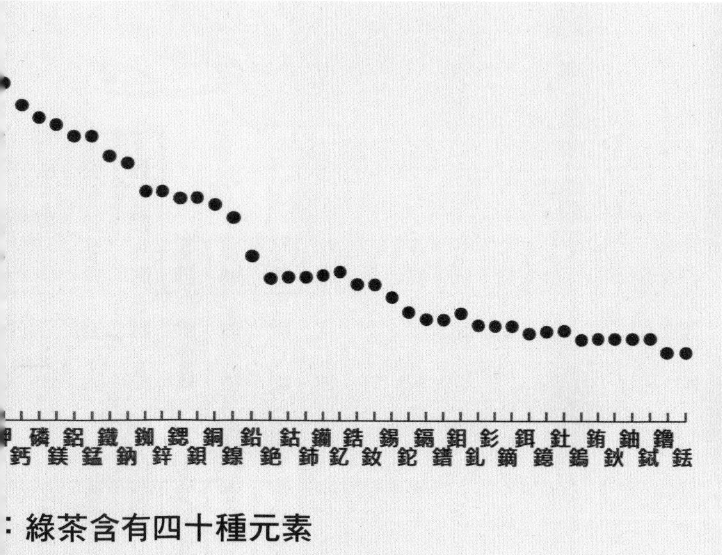

：綠茶含有四十種元素
製作參照H. Haraguchi，現代化學）

水中的礦物質與微量元素，除了形態之外，還必須考慮到
水中的礦物質與微量元素的種類與濃度依水源的環境而改
水源，夏季和冬季，颱風前和颱風後不可能相同。食物中的
微量元素均由生物體「量身訂做」，含量符合人體內「微
。體內金屬元素缺乏會引起缺乏症，過多也會成為過剩症。

圖4

人體內的鈷元素含量約為21.4 μg/kg，絕大部分存於維生素B12（氰鈷胺分子）中（圖左）。圖右是水中的鈷離子水合物。

食物裡的金屬元素以有機錯化物形態存在，這類金屬的外圍包裹了一層有機分子，這層有機分子在體液中因水合作用，其外圍會形成一層水分子層，由於水分子所具有的偶極矩，這層水事實上具備了該錯化合物特有的方向性，所以能夠快速又精確地與對應的生命分子進行作用。

一般飲水中的礦物質、微量元素以離子形態存在，離子周圍的水分子呈現對稱狀態（圖3A、圖4右），其水合物無法對應生命分子，很可能因找不到「主子」而被排泄出去或堵塞在細胞間。這就是為什麼營養學家要求體內需要的礦物質、微量元素要從食物攝取。

陸地上的植物早在水生動物登陸之前，就已經在陸地上生活了一億年，這期間，事實上已經把動物登陸所需要的「食物」準備好了，水生動物在沒有「食」的問題後陸續開始登陸生活。

水生植物在海洋中生存，靠的是柔軟的葉狀、絲狀體形，在水的浮力下直立並且從海流中得到養分。原本的水生植物登陸後，不但不能靠空氣浮力站立，也不能從空氣中得到養分，因此必須分化出「根」，藉此深耕土壤，吸收土壤裡溶於水中的各種元素（圖5），並且經過複雜的光合作用，在這個過程中將各種元素轉變成有機化合物、有機金屬錯化物等。

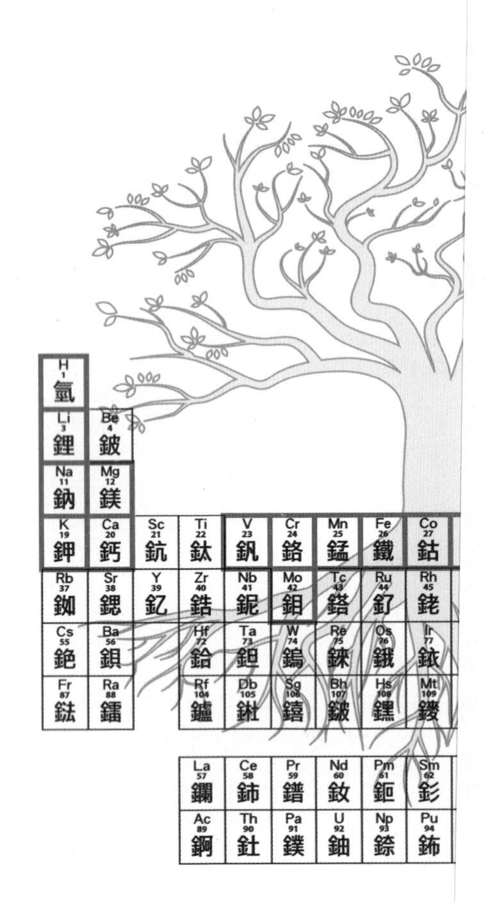

圖5：植物根部從土壤中吸收

（背景：元素週期表，紅框：生命

例如：「銅」缺乏會引起貧血、毛髮色素欠缺、成長減慢等症狀；過剩則會引發肝變硬、腹痛、運動障礙、威爾遜氏症等。

早在1888年，葡萄牙科學家霍夫邁斯特（Hofmeister）就發現「水中無機離子」與蛋白質變性有關係，而其變性與離子大小關係的排序，後來被稱為「霍夫邁斯特排序」。2005年《生物化學與物理學期刊》（BBA）報導，霍夫邁斯特排序中半徑較大、電荷密度較低離子，如I^-、Br^- 等，可使實驗溶液內的精子表現出活潑的運動性，而離子半徑小、電荷密度較高者，如 Mg^{2+}、Li^+ 等，卻使溶液的精子停止活動。

1-4 水中有機物質

——喝水不喝毒！認識水的環境危機

飲用水中的溶質除了礦物質等無機溶質，還有少量的有機物質。

有機化合物，包括天然與人工合成，總數超過五百萬個。產業上的合成有機化合物，在工業、農業、醫藥衛生，以及日常生活用品等，超過數十萬種，每天又有上百種新製品上市，這些化合物或多或少都有機會進入水體。分子量比較小的化合物，由於分子構造簡單、活性高，一旦進入生物體容易和細胞內的生化分子反應而產生毒性。有些化合物在水中反而更具風險，例如甲醛。甲醛和水反應會產生化學性質非常活潑的有機自由基，這是毒性的來源（式1）。

（式1）

$$HCHO + H_2O \longrightarrow \cdot CH_2(OH)_2$$

甲醛　　　　　　　　　　　碳自由基

甲醛是室內裝潢材料容易殘留的有機物，而35%至40%的甲醛水溶液則稱為福馬林。一般而言，有機毒性化合物與無機毒性化合物相較，在毒性濃度上，有機化合物遠比無機化合物來得高（表3）。

表3：有機毒性化合物與無機毒性化合物的比較

毒物	LD50（μg/Kg）[a]	實驗動物
戴奧辛（2,3,7,8-TCDD）[b]	0.6	天竺鼠
河魨毒素（Tetrodotoxin）[c]	8	老鼠
沙林（Sarin）[b]	17	兔子
氰化鈉[d]	2200	兔子

a) 50%致死量　b) 合成有機化合物
c) 生物有機化合物　d) 無機化合物

分子量大的有機高分子聚合物是日常生活接觸最多的化合物。這類化合物大部分是固體，物性穩定，不被人體吸收，加工容易，因而大量被應用在各種日常製品。

高分子聚合物的合成是由小分子（單體）經聚合反應製得，如「式 2」。聚碳酸酯樹脂（PC）是一種透明質優的工程塑膠，應用在需要透明、耐氣候、耐衝擊的製品上，包括食品器皿、飲水瓶，以及研究室的許多實驗器具等都採用這種樹脂製造。

（式2）

$$\text{HO–C}_6\text{H}_4\text{–C(CH}_3)_2\text{–C}_6\text{H}_4\text{–OH} + \text{Cl–C(=O)–Cl} \xrightarrow[R_4N^+]{NaOH} \left[\text{–C(=O)–O–C}_6\text{H}_4\text{–C(CH}_3)_2\text{–C}_6\text{H}_4\text{–O–C(=O)–}\right]_n$$

雙酚 A　　光氣　　聚碳酸酯樹脂（PC）

1993年，美國史丹佛大學內分泌學者費得曼（D. Feldman）首先發現實驗用聚碳酸酯樹脂培養皿在高壓鍋滅菌過程中會滲出未完全聚合的單體「雙酚A」（bisphenol A），經過深入探討後發現，該小分子有機化合物會干擾內分泌的正常運作。換言之，雙酚A具有假性賀爾蒙性質。

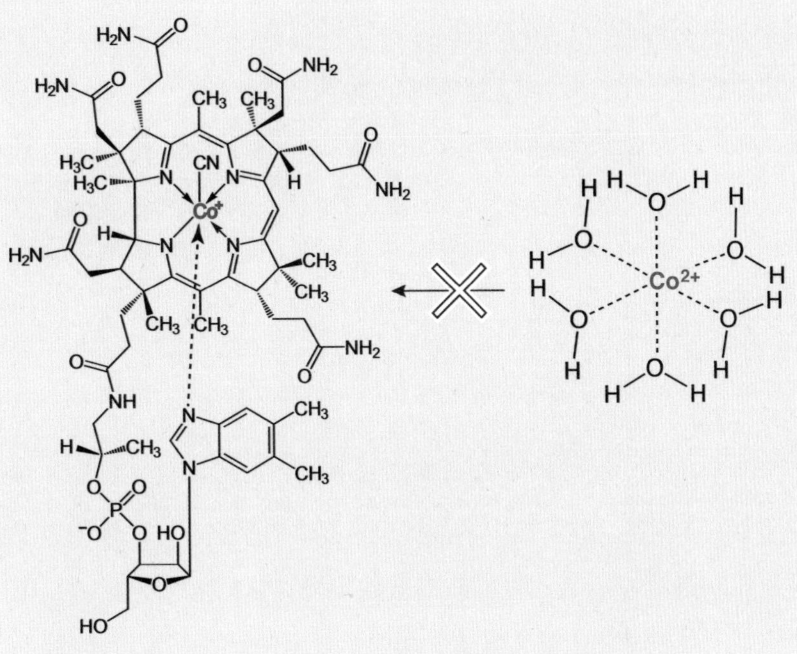

圖4

人體內的鈷元素含量約為21.4 μg/kg，絕大部分存於維生素B12（氰鈷胺分子）中（圖左）。圖右是水中的鈷離子水合物。

食物裡的金屬元素以有機錯化物形態存在，這類金屬的外圍包裹了一層有機分子，這層有機分子在體液中因水合作用，其外圍會形成一層水分子層，由於水分子所具有的偶極矩，這層水事實上具備了該錯化合物特有的方向性，所以能夠快速又精確地與對應的生命分子進行作用。

一般飲水中的礦物質、微量元素以離子形態存在，離子周圍的水分子呈現對稱狀態（圖3A、圖4右），其水合物無法對應生命分子，很可能因找不到「主子」而被排泄出去或堵塞在細胞間。這就是為什麼營養學家要求體內需要的礦物質、微量元素要從食物攝取。

陸地上的植物早在水生動物登陸之前，就已經在陸地上生活了一億年，這期間，事實上已經把動物登陸所需要的「食物」準備好了，水生動物在沒有「食」的問題後陸續開始登陸生活。

水生植物在海洋中生存，靠的是柔軟的葉狀、絲狀體形，在水的浮力下直立並且從海流中得到養分。原本的水生植物登陸後，不但不能靠空氣浮力站立，也不能從空氣中得到養分，因此必須分化出「根」，藉此深耕土壤，吸收土壤裡溶於水中的各種元素（圖5），並且經過複雜的光合作用，在這個過程中將各種元素轉變成有機化合物、有機金屬錯化物等。

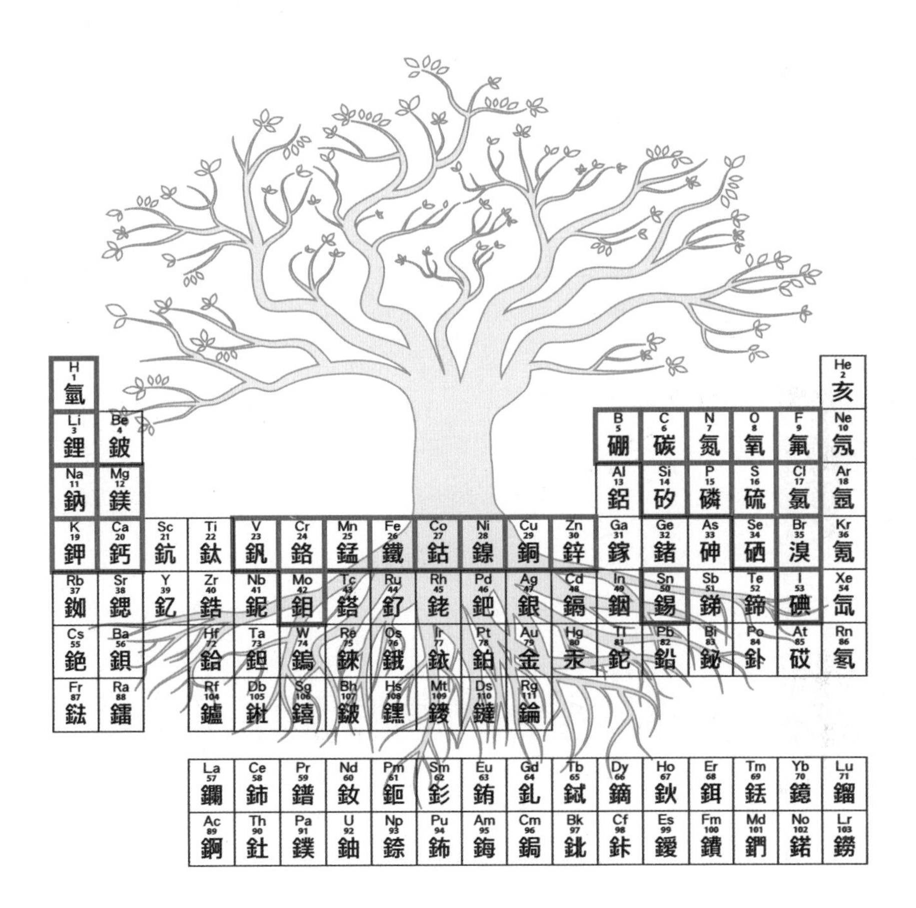

圖5：植物根部從土壤中吸收溶解在水裡的礦物質、微量元素

（背景：元素週期表，紅框：生命必需元素）。

從陸地上搜集各種各樣的元素是植物特有的性質。以綠茶為例，至少含有四十種元素（圖6）。因此，人體需要的礦物質與微量元素可以放心地從食物中攝取。

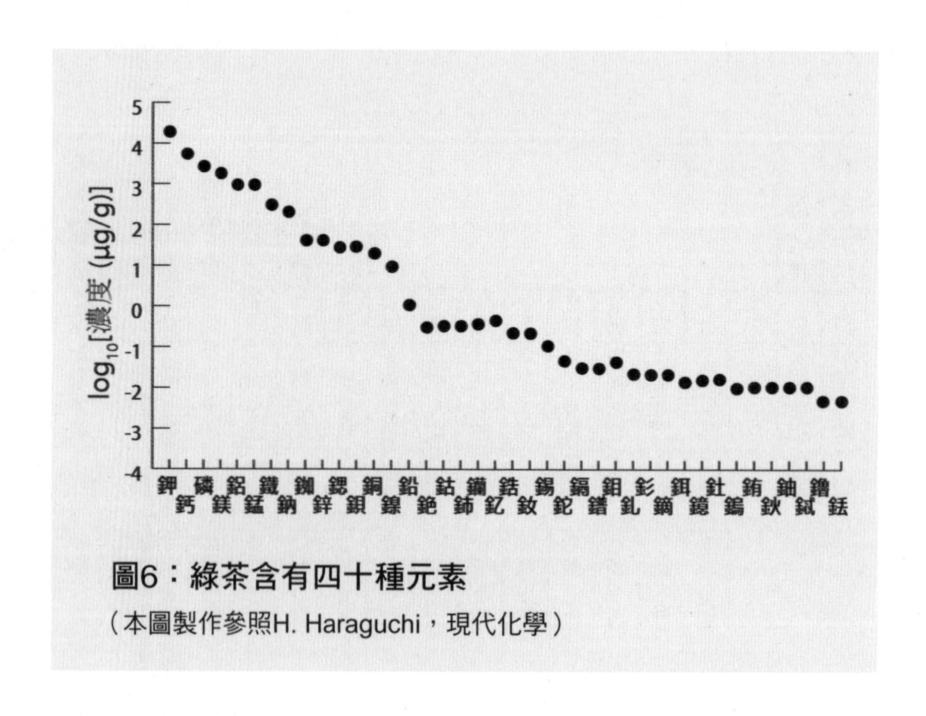

圖6：綠茶含有四十種元素

（本圖製作參照H. Haraguchi，現代化學）

飲用水中的礦物質與微量元素，除了形態之外，還必須考慮到「量」。水中的礦物質與微量元素的種類與濃度依水源的環境而改變，同一水源，夏季和冬季，颱風前和颱風後不可能相同。食物中的礦物質與微量元素均由生物體「量身訂做」，含量符合人體內「微量」需求。體內金屬元素缺乏會引起缺乏症，過多也會成為過剩症。

例如：「銅」缺乏會引起貧血、毛髮色素欠缺、成長減慢等症狀；過剩則會引發肝變硬、腹痛、運動障礙、威爾遜氏症等。

早在1888年，葡萄牙科學家霍夫邁斯特（Hofmeister）就發現「水中無機離子」與蛋白質變性有關係，而其變性與離子大小關係的排序，後來被稱為「霍夫邁斯特排序」。2005年《生物化學與物理學期刊》（BBA）報導，霍夫邁斯特排序中半徑較大、電荷密度較低離子，如I^-、Br^- 等，可使實驗溶液內的精子表現出活潑的運動性，而離子半徑小、電荷密度較高者，如 Mg^{2+}、Li^+ 等，卻使溶液的精子停止活動。

1-4 水中有機物質

——喝水不喝毒！認識水的環境危機

飲用水中的溶質除了礦物質等無機溶質，還有少量的有機物質。

有機化合物，包括天然與人工合成，總數超過五百萬個。產業上的合成有機化合物，在工業、農業、醫藥衛生，以及日常生活用品等，超過數十萬種，每天又有上百種新製品上市，這些化合物或多或少都有機會進入水體。分子量比較小的化合物，由於分子構造簡單、活性高，一旦進入生物體容易和細胞內的生化分子反應而產生毒性。有些化合物在水中反而更具風險，例如甲醛。甲醛和水反應會產生化學性質非常活潑的有機自由基，這是毒性的來源（式1）。

（式1）

$$\text{H—C(=O)—H} + H_2O \longrightarrow \cdot CH_2(OH)_2$$

甲醛　　　　　　　　　　　　　　碳自由基

甲醛是室內裝潢材料容易殘留的有機物，而35%至40%的甲醛水溶液則稱為福馬林。一般而言，有機毒性化合物與無機毒性化合物相較，在毒性濃度上，有機化合物遠比無機化合物來得高（表3）。

表3：有機毒性化合物與無機毒性化合物的比較

毒物	LD50（μg/Kg）[a]	實驗動物
戴奧辛（2,3,7,8-TCDD）[b]	0.6	天竺鼠
河魨毒素（Tetrodotoxin）[c]	8	老鼠
沙林（Sarin）[b]	17	兔子
氰化鈉 [d]	2200	兔子

a) 50%致死量　　b) 合成有機化合物
c) 生物有機化合物　　d) 無機化合物

分子量大的有機高分子聚合物是日常生活接觸最多的化合物。這類化合物大部分是固體，物性穩定，不被人體吸收，加工容易，因而大量被應用在各種日常製品。

高分子聚合物的合成是由小分子（單體）經聚合反應製得，如「式 2」。聚碳酸酯樹脂（PC）是一種透明質優的工程塑膠，應用在需要透明、耐氣候、耐衝擊的製品上，包括食品器皿、飲水瓶，以及研究室的許多實驗器具等都採用這種樹脂製造。

（式2）

$$HO-C_6H_4-C(CH_3)_2-C_6H_4-OH + Cl-\overset{O}{\overset{\|}{C}}-Cl \xrightarrow[R_4N^+]{NaOH} \left(\overset{O}{\overset{\|}{C}}-O-C_6H_4-C(CH_3)_2-C_6H_4-O-\overset{O}{\overset{\|}{C}} \right)_n$$

雙酚 A　　光氣　　聚碳酸酯樹脂（PC）

1993年，美國史丹佛大學內分泌學者費得曼（D. Feldman）首先發現實驗用聚碳酸酯樹脂培養皿在高壓鍋滅菌過程中會滲出未完全聚合的單體「雙酚A」（bisphenol A），經過深入探討後發現，該小分子有機化合物會干擾內分泌的正常運作。換言之，雙酚A具有假性賀爾蒙性質。

雙酚A除了作為聚碳酸酯樹脂的單體之外，環氧樹脂、聚酯樹脂、橡膠、抗黴劑、抗氧化劑、染料等亦皆有使用。這篇報告提出了警示，即這類樹脂加工製成的實驗用具或日常生活用具，在水中以120℃至125℃加熱30分鐘後，很可能會滲出雙酚A。這篇報告出來後，各國科學家也陸陸續續從其他化學製品，包括農藥、塑膠原料、可塑劑、界面活性劑等，發現到類似內分泌干擾成分，這類有機化合物後來被稱為「環境賀爾蒙」。

科學已證實，人類受到「環境賀爾蒙」的影響包括了男性精子數目減少、活動能力下降、嬰兒畸形率上升等。在生殖系癌症方面，如精巢癌、前列腺癌、子宮癌、卵巢癌、乳癌等，一般也相信可能和這類化合物有關。

知名的環境保護書籍《寂靜的春天》、《失竊的未來》，強烈指責許多含氯有機化合物對於動物的生殖系統所造成的毒害，並指出，這些化合物在環境中不斷蓄積，會嚴重危及人類未來的生存。

美國的瓶裝飲用水，普遍採用聚碳酸酯樹脂製成的瓶子包裝。2001年的911恐怖事件之後，美國政府曾經鼓勵民眾最好能夠儲備瓶裝飲用水，作為緊急時飲用。而這些瓶裝水到了2010年，也就是經過了九年，媒體開始注意到這些儲備的瓶裝水到底還可不可以喝？美國食品與藥物管理局（FDA）並沒有明文規定禁止使用聚碳酸酯樹脂製成的包裝瓶，所以上述的問題雖然被媒體提了出來，卻得不到確定的答案。

一般建議，聚碳酸酯樹脂包裝的瓶裝水，最好不要放置在車內或太陽照得到的地方，也應避免置於溫度高的處所。除此之外，還要注意瓶子是否多次使用，因為使用多次的瓶子，洗瓶的過程中可能會刮傷表面，容易使雙酚A滲出。如果擔心，可以使用玻璃瓶裝水。歐美大部分國家已禁止輸入聚碳酸酯樹脂製造的奶瓶，亦禁止販賣，亞洲日、韓則還沒有規定。我國衛服部已訂於2013年9月1日開始禁止使用，市場上流通產品的管制則延緩到2014年3月1日。

1-5 水質與健康
——「好的水」是水以外的東西一定要少

市面上各種飲用水（參閱2-1〈那麼多種飲用水，我們該喝哪一種〉，P.74），每一種水都通過政府相關單位水質規定的門檻。這些不同的飲用水，如果每天分別餵食給試驗用的老鼠，在相同環境與飼料的條件之下，半年或一年後，從各組老鼠的外觀、體重、活動等，甚至是體內的器官，相信都無法看出什麼特別的差異。不過，如果從「細胞」這個層級來進行觀察，短時間內應該可以看出不同的結果。

日本京都大學醫學院福田教授，曾經在1986年發表一份報告，指出了水質對於ICR老鼠在BWW培養液的體外受精的影響。老鼠的給水是自家醫院的自來水，以及其經離子交換樹脂處理過的水、蒸餾一次的蒸餾水、蒸餾三次的蒸餾水、逆滲透處理的水（Milli-Q）等共五種水進行試驗。

這五種試驗用水的水質內容，有電氣傳導率（表4）、離子濃度（表5）、和高效能液相層析儀（HPLC）（圖7）等的分析結果。前兩項是水中無機物質的分析，第三項則是水中有機物質的分析。從表4和表5可以看出，經過處理後的水，不論導電率或離子濃度都和自來水有很大的差異，水中無機物質顯然少了很多，尤其是逆滲透水。

表4：各試驗水的導電率

試驗水	導電率（µs /cm）
自來水	190.00
離子交換水	0.60
一次蒸餾水	1.20
三次蒸餾水	0.80
逆滲透水	0.06

表5：各試驗水的離子濃度（ppb）

	Na	K	Cl	Ca	Mg	Fe	Zn	Cd
自來水	5.2	1.3	4.1	15.3	5.5	9.0	6.0	<1
離子交換水	<0.5	<0.3	<10.0	107.0	16.0	<1	<2	<1
一次蒸餾水	1.0	<0.3	<10.0	7.9	1.7	<1	<2	<1
三次蒸餾水	<0.5	<0.3	<10.0	7.2	0.7	<1	5.0	<1
逆滲透水	<0.5	<0.3	<10.0	4.1	0.4	<1	<2	<1

高效能液相層析儀對各試驗水的分析請見圖7，橫軸是有機物質表現出來的時間，縱軸是有機物質的含量。自來水在6分鐘左右有相當強的吸收峰，另外在12與15分鐘各有不同強度的吸收峰，表示水中溶有不同種類、不同含量的有機物質。

然而經過不同方式所處理的四種試驗水則顯示，水中所含的有機物質有不同程度的去除。離子交換水和蒸餾水在23分鐘出現的吸收峰，還有蒸餾三次的蒸餾水在10至20分鐘的多重吸收峰是原本自來水沒有的吸收峰，應該是蒸餾純化的過程受到污染的關係。很顯然地，逆滲透水是四種處理過的水當中最純淨的水。

自來水及其處理過的四種水在老鼠體外受精試驗得到的部分結論請見表6。從表中的數據可知，水裡面的無機物質、有機物質越少，純淨度越高的水，受精率越高。同樣在1986年，美國學者麻諾（J. Mather）也在《生物科技期刊》上發表一項研究結果，其研究主題是：無血清培養基分析紐約市的自來水、蒸餾水、逆滲透水（Milli-Q）對於老鼠的黑色素細胞（M2R）、睪丸間質細胞（TM3），以及大白鼠類內皮細胞（TR-1）三種不同細胞增殖的影響。實驗的結果同樣是高純度逆滲透水，不論在哪一株細胞中都具有最高的增殖效果。

表6：水質對於老鼠受精的影響

水樣品	實驗卵數	受精卵數(%)
自來水	21	1 (4.8)
離子交換水	15	1 (6.7)
一次蒸餾水	31	6 (19.4)
三次蒸餾水	25	17 (68.0)
逆滲透水（Milli-Q）	50	33 (66.0)

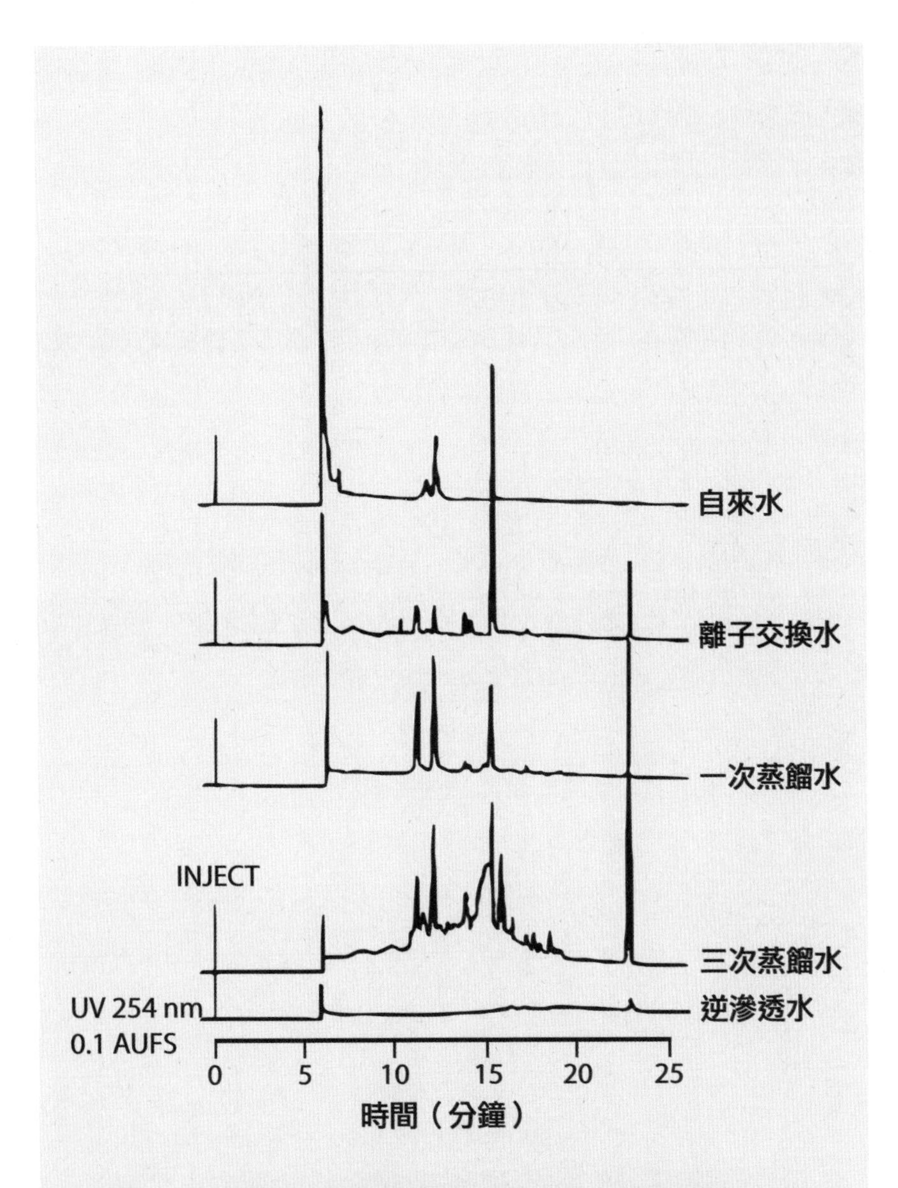

圖7：自來水及其處理過的水的高效能液相層析分析

2007年，我們以台北市的自來水及其常壓蒸餾的蒸餾水、真空蒸餾的蒸餾水、逆滲透水（Milli-Q，18.2MΩ・cm）四種水，進行一項實驗，探究水質對老鼠體外受精的影響。

四種試驗用水的有機物溶質是透過氣相層析儀來進行鑑定分析（圖8）。自來水在24至32分鐘的吸收峰，是水中的有機物及含量。自來水以常壓蒸餾的蒸餾水，吸收峰確實要比自來水來的低，所以相對純淨。真空蒸餾水與逆滲透水很明顯比常壓蒸餾的水更純淨，這兩種水在23分鐘這個時間點的吸收峰可能是在操作上受到的污染。逆滲透水是四種試驗水中有機物最少的水，不過在24分鐘的吸收峰卻比真空蒸餾水還要高，顯示真空蒸餾可以有效地將分子量比較小、沸點比較低的有機物去除，逆滲透過濾處理反而不容易去除。

四種試驗用水對老鼠的體外受精實驗的結果如表7所示。結果和文獻報告相同，純度越高的水，受精率越高。

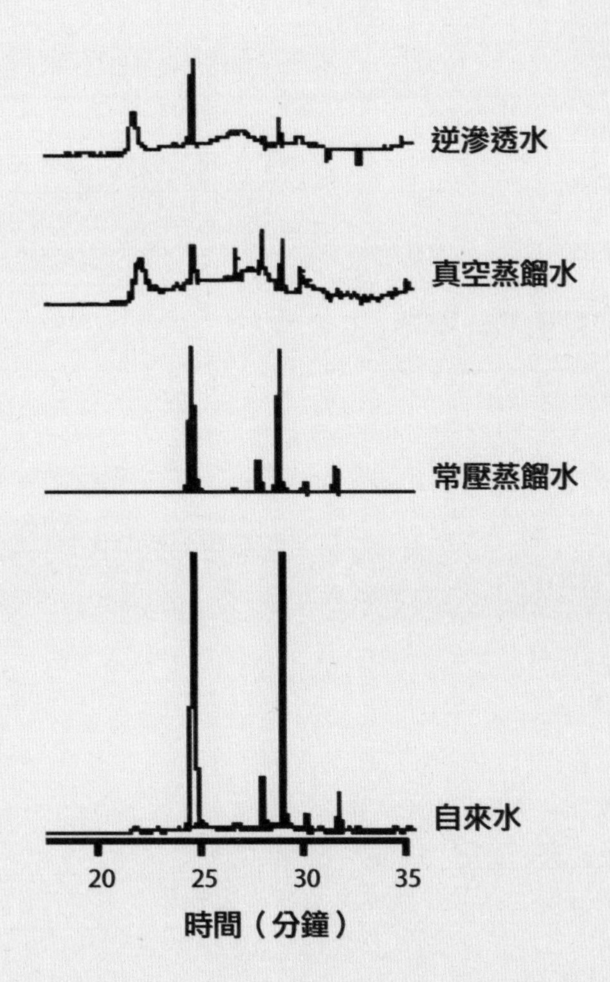

圖8：台北市自來水及其處理過的水的氣相層析分析結果

（資料來源：本書作者實驗室）

表7：水質對老鼠體外受精的影響

	自來水	常壓蒸餾水	真空蒸餾水	逆滲透水
Two cells	0	16	8	36
Fragment	0	3	0	7
Unfertilized	10	9	2	4
Fertilized ratio	0.0%	64.0%	80.0%	90.0%

上面三例「細胞層級」的水質試驗，清楚地告訴我們，水最好還是乾淨一點。喝水是要把水（水分子）送進體內，不要把水以外的「東西」當補品。

「好的水」
是水以外的東西一定要少。

1-6 水的物性
——你可以再靠近一點，其實水長這樣！

「沒有人真的懂水，說起來實在很漏氣，覆蓋地球表面三分之二的物質居然到現在仍然是個謎。」這是《自然》雜誌編輯顧問保爾（P. Ball，2008）在《自然》雜誌專文上的第一句話。

科學家對於物質有什麼特別的性質，通常會搬出化學周期表進行論述，因為周期表有高度系統性及分類性，屬於同族的元素會有相似的物性。水的化學分子式 H_2O，一個氧（O）和兩個氫（H）化合的物質，周期表上氧的同族元素有硫（S）、硒（Se）、碲（Te），比較這些同族元素的氫化合物，不難看出水的特殊物性。

首先，我們在碳同族元素看到碳（C）、矽（Si）、鍺（Ge）、錫（Sn）的氫化合物系列可以看到融點（圖9）和沸點（圖10），原則上依分子量的大小成正向比例。

但是，在氧同族的氫化合物系列，水的表現就相當特別，不論是融點或沸點，相對都高得離譜。水的分子量18，如果依圖上其他化合物的分子量與融點、沸點的相關性進行預估，冰的融點大概是-100℃（圖9上的延伸虛線），沸點大概是 -80℃左右（圖10 上的延伸虛線），然而，實際上在常壓環境下，冰的融點是0℃，水的沸點是100℃。我們如果以0℃融點和100℃沸點的水來推測其分子量，大概是240至250之間，也就是說，水分子數必須要13至14個。水的物性，除了融點、沸點之外，其他如比熱容量、融解熱、蒸發熱、表面張力、黏性率等，也都表現出相當特殊的性質。

水是空隙特別多的液體。氧化氫（水）的氧原子和硫化氫的硫原子在元素周期表上都在16族，是鄰居，但其氫化物，H_2O與H_2S的結晶構造卻大不相同。氧原子與硫原子形如球狀，所以水分子（H_2O）與硫化氫分子（H_2S）可以近似球狀分子。

一個球狀硫化氫分子的周圍最接近的分子有12個球，這是最密的充填構造。可是冰晶的一個球狀水分子周圍，最接近的分子卻只有4個球。液態水，經X-光繞射等的分析結果，在20℃的溫度下，一個水分子球的周圍有4.4個最接近的水分子球，比冰晶的4個球只多了10%。表示在一定體積的水，裡面實際上水分子所占的比例，以充填率來換算大概只有38%，剩餘的空間約有62%。

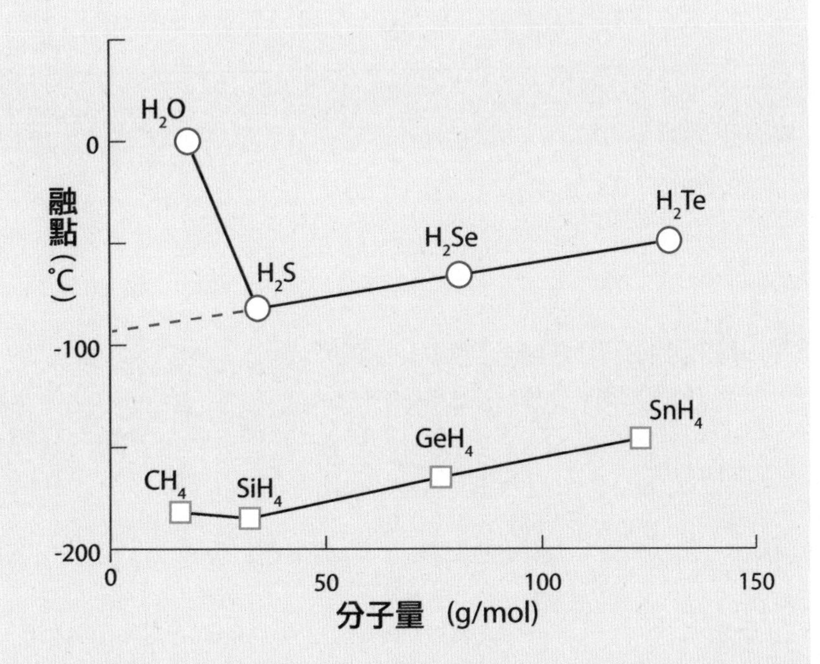

圖9：氫化合物的分子量和融點的關係

上方線性（紅色圓圈）為氧同族元素氫化合物的融點。
下方線性（藍色方塊）為碳同族元素氫化合物。

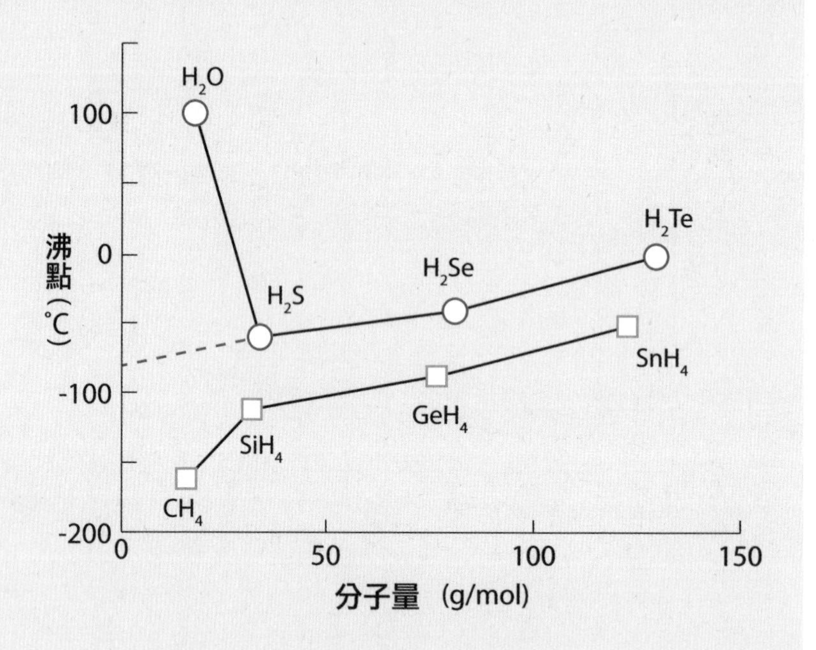

圖10：氫化合物的分子量和沸點的關係

上方線性（紅色圓圈）為氧同族元素氫化合物的融點。

下方線性（藍色方塊）為碳同族元素氫化合物。

水由水分子所組成（水分子的模型，見圖11A）。分子氫、氧原子因電負度的差異而帶有正、負電荷，分子間會以靜電引力（庫倫力）結合形成氫鍵，所以水不可能只是水分子集合在一起的集合體，而是分子間氫鍵結合形成 $(H_2O)_n$的集合體。六角形環縮合的構造是我們平常看到的六方晶系的冰晶（Ih）（圖11B），這是水分子間直線狀氫鍵結合（H—O⋯H）的五聚體（圖11C），以三維立體所形成中間有空隙的構造。

很多人都知道，冰之所以能夠浮在水上，是因為冰的密度比水低。那麼，與「為什麼冰的密度會比水低？」相似的問題——「水的密度為什麼在4℃最大呢？」這個問題我們如果從冰與水的構造去解析，即可得到最佳的答案。

上文提過，冰晶是六角形環中間有空隙的構造（圖11B），液態水雖然沒有冰晶般最強的氫鍵構造，但是基本上還是保有六角形中空的構造，由於液體的關係，分子可以流入中間空隙，使之成為密度較高的構造。

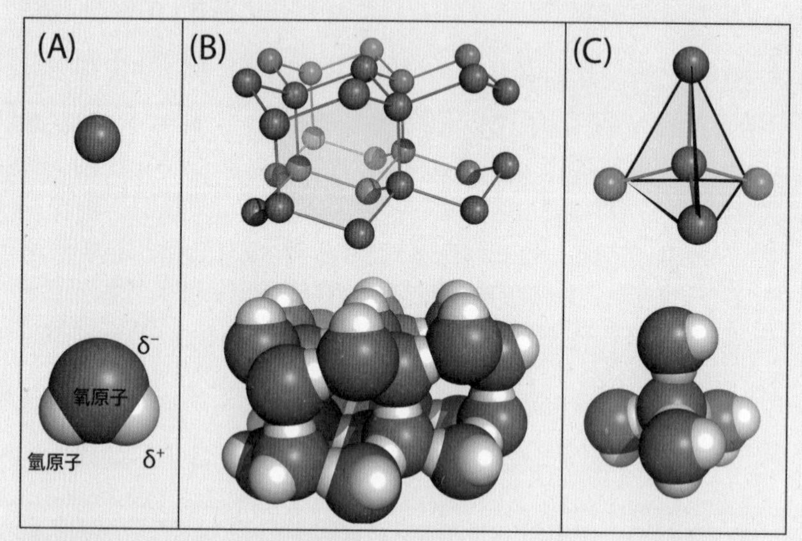

◎每張圖下方為水分子構造的CPK模型

分子立體構造線上看

圖11：水的分子模型

(A)水分子。

(B)冰晶Ih（六角晶）構造。

(C)水分子五聚體（pentamer）構造，呈正四面體幾何。紅色球狀為氧原子，白色球狀為氫原子。圖上方的氫原子省略，只顯示氧原子在水分子中的構造。藍色柱狀實線表示氫鍵。

「水的密度為什麼在4℃最大？」冰的密度在0℃是0.917 g · cm^{-1}，水的密度在0℃是0.99984 g · cm^{-1}，比冰大。在0℃的冰，呈現六角形中空的構造（圖11B），而在0℃的水，冰的全部氫鍵斷掉約13%，大部分還是保有六角形中空的構造。現在我們把溫度從0℃升到4℃，溫度上升的過程中，六角形中空的構造遭到破壞，所以密度大幅增加，在4℃時的密度是0.9997 g · cm^{-1}。當溫度超過4℃的時候，六角形構造不只是破壞，而是分子活潑運動的效果拉長了分子間的平均距離，使體積增加，導致密度變小了。

由於分子間的氫鍵，所以液態水是一種構造性液體，理論上這個說法應該沒有什麼可以懷疑的。問題是液態水的構造，目前為止並沒有定論。上述冰與水的密度論述，其實是以冰晶六角形中空的構造為基礎的推論。

水的構造之所以不能確定，主要原因是 $(H_2O)_n$ 的n的平均值至今尚未確定，n容易受外界溫度、壓力、溶質等的影響而改變。其次是水分子的氫鍵大概在10^{-11}至10^{-12}／秒的時間不停地變化，分析困難。另外，值得一提的是，沒有氫鍵的水分子只有在特別環境下才有可能存在，例如巴克球內的水分子（圖12）。

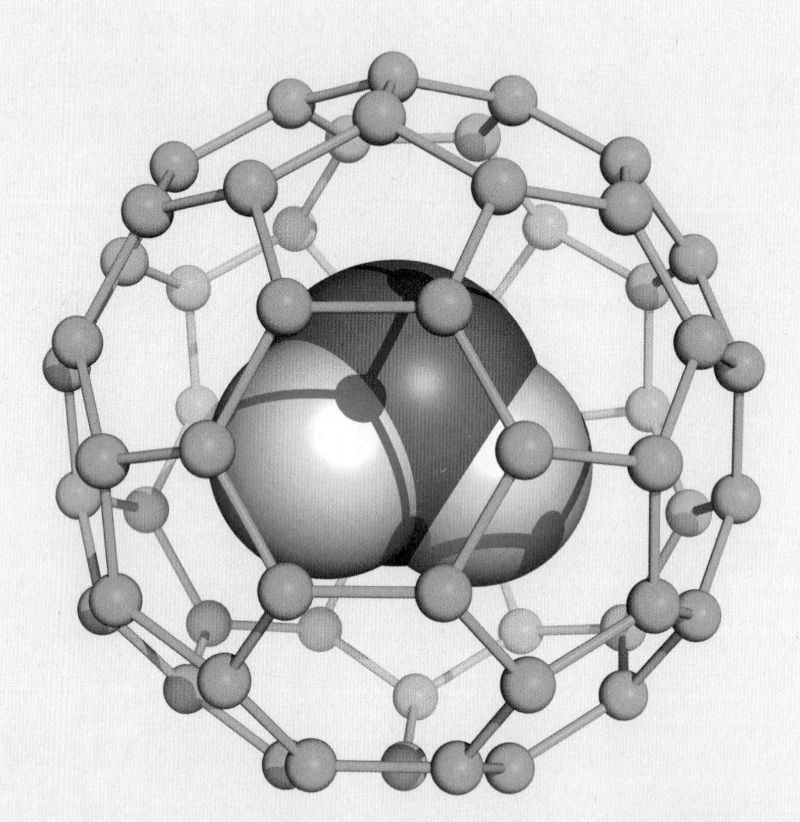

圖12：巴克球內的單一水分子

分子立體構造線上看

水的構造雖然沒有定論，但是科學家長期以來的研究還是提出不少的概念性分子模型。其中比較具體的是Nemethy-Scheraga在1962年提出的構造模型。這模型說明水是由水分子氫鍵結合的大大小小水分子團（clusters）所集合構成（圖13）。

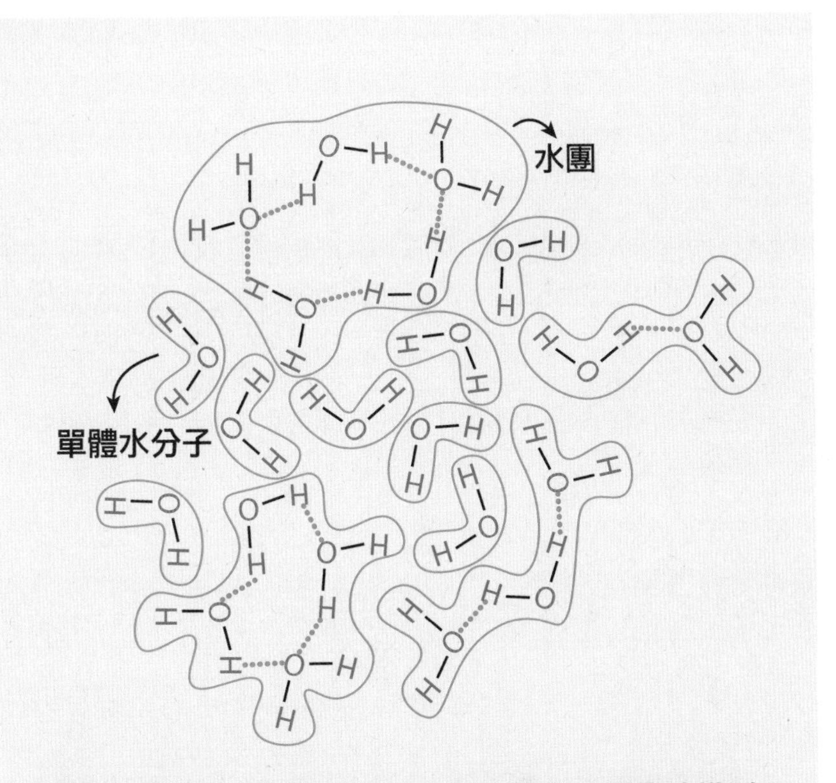

圖13：Nemethy-Scheraga的液態水水團構造模型

此模型中液態水由各種大大小小的水團（clusters）所構成，
水團間埋有多數沒有氫鍵的水分子 。

1-7 乙醇水溶液的分子構造
——酒精，是人類除了水之外最親密的液體

蛋白質由胺基酸間聚合成胜肽鍊，到最後摺疊形成具功能性的高度立體構造，一般而言，大多數是在水溶液中自發性（有些需伴護蛋白的幫助）摺疊而成，也就是利用水分子為驅動力。蛋白質分子從核醣體內由胺基酸一個接一個地聚合，催化聚合的過程中，一個一個脫掉水分子，這些水分子對新生的胜肽鍊的構形其實已經有了影響。

目前對於蛋白質摺疊形成功能性高度立體構造的機制了解得並不多，主要的原因是巨分子分析並不容易，因此利用有機小分子在水中形成的構造，可以帶給我們一些相關訊息。在有機小分子的選擇上，我們選擇乙醇來進行觀察。

乙醇俗稱酒精，是人類除了水之外最親密的液體，在古代曾經被稱為「生命之水」（aqua vitae）。乙醇分子式CH_3CH_2OH，分子量只有46，很小，和蛋白質一樣屬有機雙性化合物。乙醇能夠以任何的比例和水混合，當實驗杯中的乙醇和水混合時，以手觸碰杯身會有溫熱感。這是因為，乙醇和水之間因氫鍵結合所形成的水合構造，比原來

乙醇或水單獨存在時的構造還要安定，其安定所多出來的能量以熱能釋放出來。

有趣的是，當乙醇加入水中時，溶液的體積會減少。例如在25℃下，5毫升的乙醇加入10毫升的水，其體積並不是15毫升，而是14.6毫升。當乙醇濃度為8%至9%的時候，體積減少幅度最大，濃度高過20%之後，體積反而往上升。

當兩種液體混合在一起，體積會減少，一般考慮的是分子間氫鍵作用力的因素。氫氧基分子間氫鍵（O—H---O，虛線部分）的強弱可以藉由氫—核磁共振波譜（^{1}H-NMR）的氫波峰位置（化學位移）進行分析，波峰如果往低磁場移位表示氫鍵比較弱，往高磁場移位表示氫鍵比較強。

乙醇和水混合的核磁共振氫鍵波譜，在乙醇加進純水時，水的氫波峰即往高磁場移位，移位最多的濃度是8%至9%。之後，隨乙醇濃度增加而逐漸往低磁場移位。表示乙醇濃度在8%至9%時，水分子間的氫鍵作用力最強。

核磁共振分析的結果已知水的分子間氫鍵會因乙醇的加入而變強，但一般氫鍵鍵能不過25至40仟卡／莫耳而已，以直鏈氫鍵形成的構造似乎不可能使體積減少，關鍵應該在乙醇分子的疏水性乙基上。

乙基的性質就像一般碳氫化合物，不溶於水。因此，當乙醇進入水中時，乙基和水之間將形成一道界面，這時周圍的水分子極力地要把乙基給推開，問題是乙醇的氫氧基已經和水結合形成氫鍵，不容易推開，唯有集合周圍的水分子，以較強的分子間氫鍵，築成一層水殼（water shell）發揮圍堵作用（圖14）。

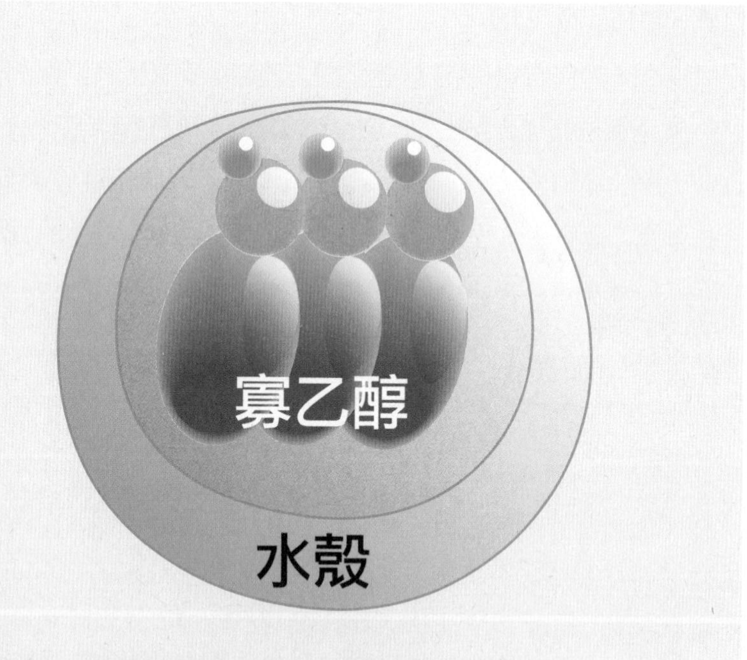

圖14：乙醇水溶液體積減少概念圖

乙醇水溶液由於乙醇分子乙基（綠色部分）的疏水性質，周圍水分子隨即集合形成水殼發揮圍堵作用。水殼內寡乙醇在乙基的疏水性相互作用引力，其所占的空間將比單一乙醇分子少。

這種安定的水合化合物，水殼水分子氫鍵在核磁共振波譜上的波峰即往高磁場移位。此時加入的乙醇越來越多時，複數個乙醇的乙基部位，即互以疏水性作用緊靠在一起，以滿足系統安定的要求，而外圍水殼水分子氫鍵亦趨更多更強，一直到濃度8%至9%。水殼內既然能夠包裹複數個乙醇分子，溶液體積自然會減少。當乙醇濃度高過20%，由於越來越多乙醇分子氫鍵的加入，水分子氫鍵波峰即往低磁場移位，表示安定的水合構造已被打亂。在濃度約80%的乙醇水溶液中，水分子間的氫鍵幾乎不存在。

乙醇水溶液的氫一核磁共振（-^{1}H-NMR）所推測出來的水殼內含有複數個乙醇分子來說明乙醇水溶液體積為什麼會減少，事實上，在質譜的分析也得到了相同的結果。

「液滴斷熱膨脹質譜」是一種分析溶液中複數分子相互作用所形成不均一水團（clusters）構造的方法（圖15）。這種分析是將溶液加熱噴霧導入真空室使生成微小的水滴，經過膨脹、碎片化，碎片水團以電子束（30 eV）衝擊，使產生的水團離子再進行質譜分析。

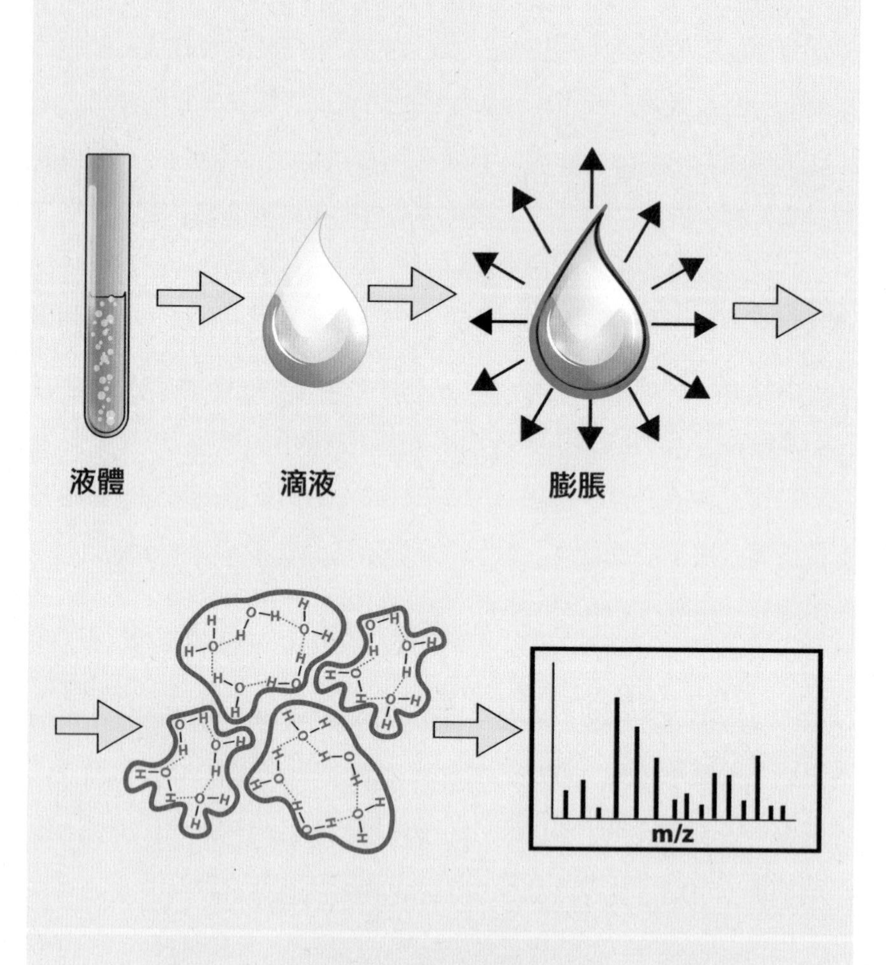

圖15：「液滴斷熱膨脹質譜分析」示意圖／
液相水團（clusters）質譜之分析

乙醇水溶液（乙醇濃度5.0%，重量比）在液相水團質譜的圖譜上，科學家觀察到的質譜峰是乙醇分子和水分子所構成的$H^+(CH_3CH_2OH)_m(H_2O)_n$水團離子（圖16A）。0至400低質量數範圍的0－2，0－10，0－21質譜峰，表示水團沒有乙醇分子（m＝0），只由n個水分子構成（圖16A，紅色數字）。400至500高質量數範圍的1－20、2－19、3－18、4－17質譜峰，表示$H^+(CH_3CH_2OH)_{1\sim4}(H_2O)_{20\sim17}$所構成的水團離子（圖16A，藍色數字）。當我們把高質量數圖譜部分放大時（圖16B），由於質譜的縱軸表示水團離子的安定性，我們可以發現水團離子0－21（不含乙醇分子）質譜峰強度低，水團不安定。反觀，水團離子1－20、2－19、3－18、4－17（含有乙醇分子）質譜峰強度高，水團有極高的安定性，特別是含複數個乙醇分子的水團離子。這結果證明乙醇水溶液之所以體積變小，是因為水團內含複數個乙醇分子。

乙醇在臨床上的主要用途，包括肝腫瘤治療及消毒殺菌。肝腫瘤的治療是將乙醇直接注射到肝癌組織，作用機制是利用乙醇的疏水性乙基把組織周圍的水聚集起來，使癌細胞缺水而自行凋亡。相同的道理，常喝酒精濃度比較高的烈酒，例如伏特加、高粱等，食道及胃壁的正常組織細胞經常受到乙醇的脫水作用而受傷，甚至於會使受傷細胞殘骸有機會誘發癌細胞的形成。據此推測，食道癌、胃癌與烈酒應該脫離不了關係。

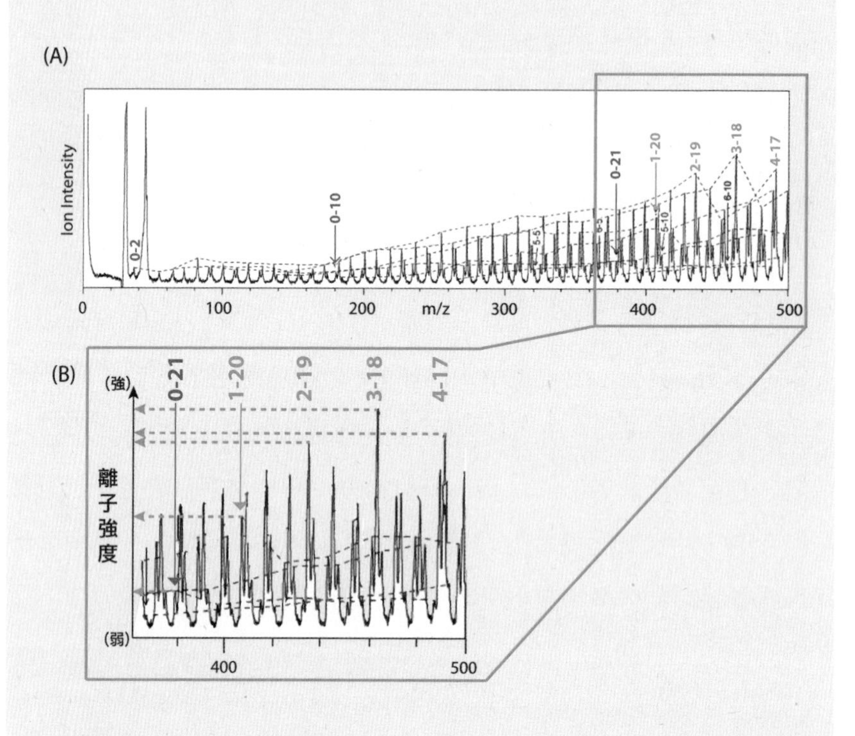

圖16

(A)乙醇水溶液（乙醇濃度5.0%，重量比）水團質譜圖*每對質譜峰的數字表示$H^+(CH_3CH_2OH)m(H_2O)_n$質量數。虛線係含相同乙醇數目之水團離子。紅色數字表示不含乙醇的水團離子所包含的水分子的個數。藍色數字表示含有乙醇的水團離子所包含的乙醇分子個數以及水分子的個數（*資料參考: A. Wakisaka, T. Ohki, 2005）。

(B)位於高質量數圖譜部分的放大圖。數據表示，包含乙醇分子的水團離子（藍色數字）比不包含乙醇分子的水團離子（紅色數字），其穩定性較高。

乙醇是優質的消毒殺菌劑，眾所周知，乙醇殺菌效果最好的濃度是70%（重量比）。重量比70%乙醇濃度的水溶液，水和乙醇剛好是1:1的比例。這個比例下，由於乙醇分子的乙基在高濃度時，不能同方向排列，而是以相對位置排列（圖17），此有效排列使得乙醇分子的「疏水乙基」向外，而「親水醇基」向內，呈現整齊聚乙醇平面構造。如此的平面結構，在水量不足的情況下，水分子無法匯集成前述的水殼（圖14）。

在高濃度乙醇的水溶液中，乙醇分子選擇了「疏水乙基」向外，「親水醇基」向內的整齊聚乙醇平面結構，這樣的平面構造加上乙醇分子向內的「親水醇基」，正好提供了水分子一個方便鍵結的平台（圖17B）。這個平台上面，水分子依照氫鍵的方向性，平整地排列，並與乙醇分子的醇基以氫鍵結合，水分子因此得以整齊且具方向性地平鋪在聚乙醇的平面構造平台，形成了一個水層結構（圖17C）。這個水層的氫鍵排列又正好提供了另一個聚乙醇平面構造的結合，最後形成了一個中間為水層，兩面為聚乙醇平面結構的「三明治乙醇水合分子構造」（圖17D、E）。

這種「三明治乙醇水合分子構造」的立體結構，乙醇的親水性醇基與水分子包裹在結構內層，疏水性的乙基整排並列在外層，也就是說，結構上有最大的疏水面。由於細菌的細胞膜脂是烷基間疏水作用形成的平面狀並列所構成，因此可快速與細菌細胞膜脂進行疏水性相互作用，進而破壞膜脂質使膜內蛋白質溶出，並達到殺菌目的。也因此，乙醇的濃度太高或太低，乙醇分子雜亂不規則，殺菌效果反而會下降。

一個簡單的乙醇分子之所以有如此的生理活性，靠的是雙性有機分子能夠充分利用水來自行組裝，形成生理活性所需要的構造。細胞內蛋白質、核酸等均屬雙性有機分子，同樣也需要利用水來驅動組裝，形成高度立體構造以展現其各色各樣的生理活性。

圖17（見右頁）：濃度70%乙醇溶液分子構造模型解析圖

（參考クラスタ，P.121，產業圖書製作）

(A)單一乙醇分子。

(B)醇分子逆向平行排列，乙基「疏水結合」向外，「醇基」氫鍵結合向內，形成平面聚乙醇。

(C)水分子（藍色球狀）垂直氫鍵於平面聚乙醇所形成的水合體。

(D)第二層及第三層水分子（紅色及橘色球狀）再以橫向氫鍵在中間垂直的水層（藍色球狀）上形成立體水合構造聚乙醇。

(E)第二個平面聚乙醇堆疊於其上，形成「三明治構造」，這種構造，乙醇與水分子接近1：1，使表面保有最大疏水性面積。圖上方為構造模型示意圖，圖下方為CPK三度空間構造模型圖。

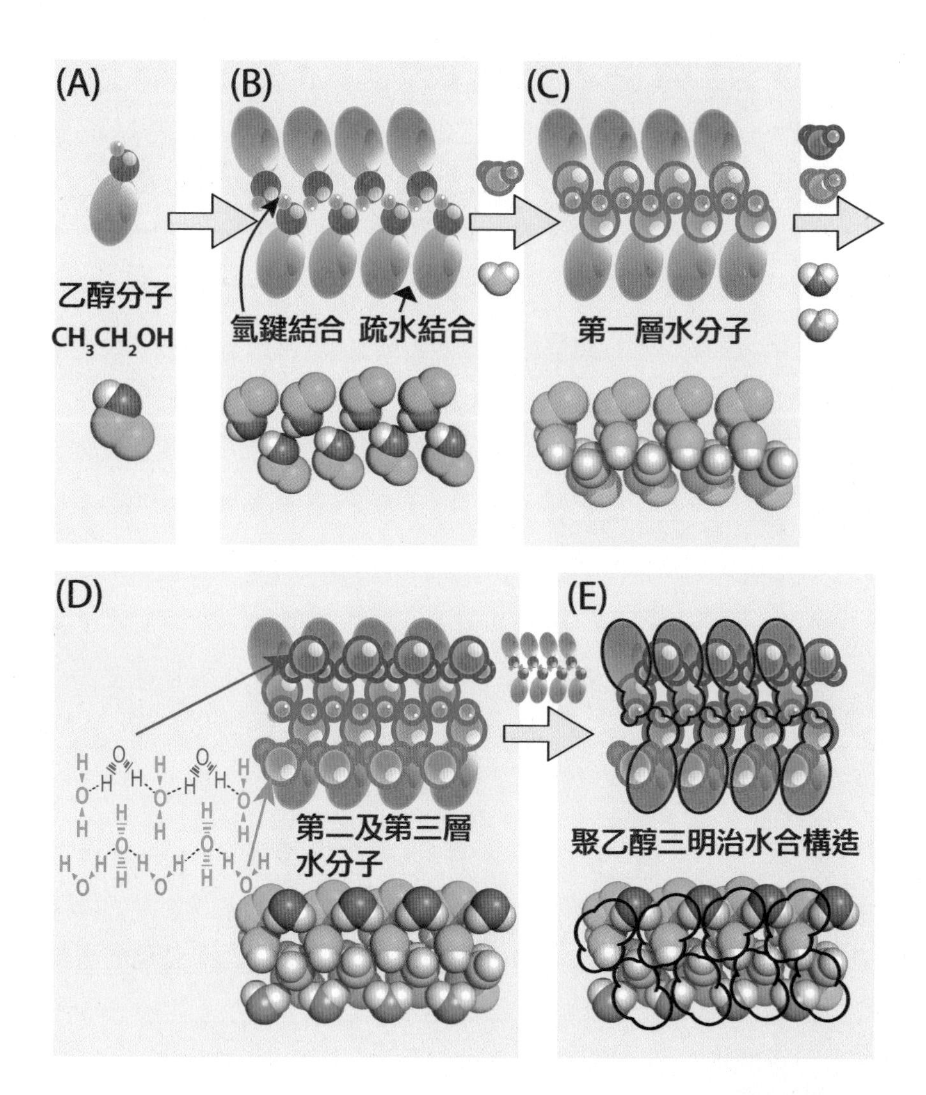
(A)
(B)
(C)
乙醇分子
CH_3CH_2OH
氫鍵結合
疏水結合
第一層水分子
(D)
(E)
第二及第三層
水分子
聚乙醇三明治水合構造

分子立體構造線上看

Column 1

水，第五生命體物質

沉睡搖蚊（Sleeping Chironomid）

沉睡搖蚊這種昆蟲，生長在非洲奈及利亞與烏干達之間半乾燥地帶。這裡剛好介於撒哈拉沙漠和熱帶雨林地域，一年只有兩季，半年乾季和半年雨季。乾季時，曾經連續八個月一滴雨也沒有，生活在這裡的昆蟲或動物，需要隨氣候變化而調整。搖蚊幼蟲在氣候極度乾燥時，體內的水分含量會減少到大約剩下3%。這種「乾屍」般的幼蟲，很像紅色糖珠粒子，體內包括呼吸及所有的代謝幾乎是停止狀態。沒有代謝狀態還能夠維持生命能力的生物又稱為Cryptobiosis（隱藏生命）。 不過一旦遇水，很快又活潑地回到原來幼蟲的狀態，整個復甦的過程大概只需要一小時。曾經在實驗室的乾燥瓶（放有乾燥劑）保存十七年的沉睡搖蚊，接觸到水照樣甦醒過來。

Tardigrade，俗稱水熊（water bear）

Tardigrade是緩步動物門容貌怪異的動物，第一眼看到時還滿嚇人的。體長100至500微米的小生物，只能在顯微鏡下看到，是自然界最小的動物之一，俗稱水熊（water bear）。牠在高溫150℃，低溫-200℃短時間內還可以維持生命，耐輻射、耐壓，有人稱牠為史上最強不死的生物。這種動物遇到乾旱環境時會把體內超過80%以上的水分減少到幾個百分比以下，使體積縮小而進入乾旱休眠（drought dormancy），並且停止生命活動（圖18A）。但是，只要有水，牠又恢復原來的體積，開始生命活動（圖18B）。

圖18：掃描式電子顯微鏡下的不死動物「水熊」（Tardigrade）

(A)失去水分的水熊（水分3%以下）。 照片來源：J.H. Crowe and A.F. Cooper

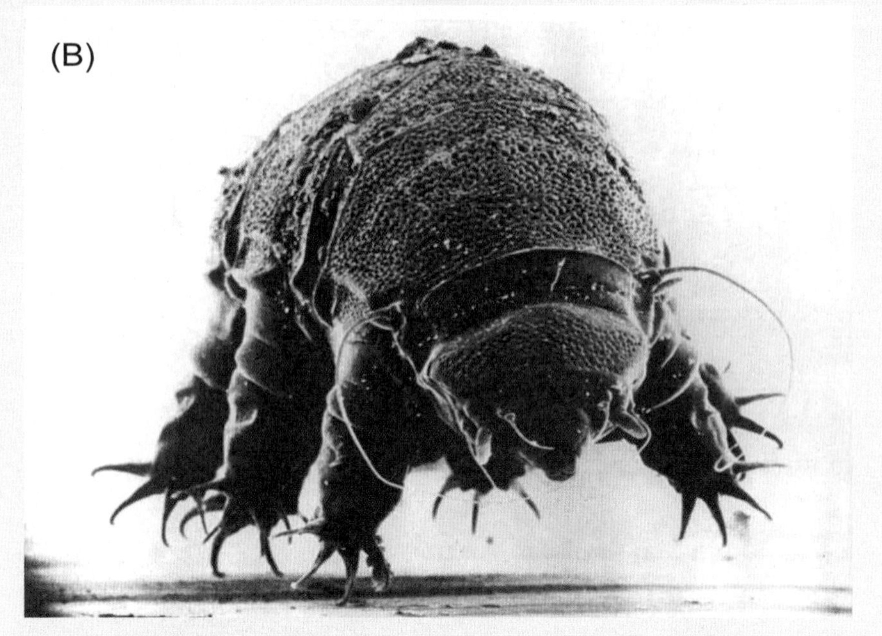

(B)恢復活性的水熊（水分85%）。　照片來源：J.H. Crowe and A.F. Cooper

生命體由細胞組成

細胞內的水平均約70%，把細胞內的水全部抽乾，剩下來的成分為：蛋白質71%、脂質12%、核酸7%、碳水化合物5%、其他5%。其中蛋白質成分含量最多，蛋白質在整個生命現象中是不可或缺的要角。蛋白質是由胺基酸組成，其構造一般可分一級、二級、三級，還有四級、三級以上具有高度複雜的立體構造，是生理功能發揮必要的構造。蛋白質立體構造的摺疊錯誤，目前所知與許多疾病有關，例如癌症、阿茲海默症、杭廷頓氏舞蹈症、狂牛病、帕金森氏症等。

據了解，某些極端無水乾燥狀態下的動物細胞，會大量製造出一種糖類物質「海藻糖」（trehalose），這種糖在高濃度時具有玻璃化（sugar glass）固態特性。我們推測上面這些動物在乾燥環境時，體內某些蛋白質或核酸可能被固定在海藻糖的玻璃狀態（glass state）中，因而其立體構造被保護免於受到損害，當再次接觸到水，隨即恢復生命現象。

這些奇妙的生物，其生命或許可以暫離水，但沒有水，一切生命活動只能停擺，無法展現出活力。生物體維持生命需要幾項重要物質，「水」是除了蛋白質、脂質、核酸、碳水化合物之外的第五生命體物質。

人體，需要什麼樣的水？

2-1 那麼多種飲用水，我們該喝哪一種？

——高價的水＝高品質的飲用水？

很多人有過這樣的經驗，感冒到醫院看病，看完病要離開診療室時，醫師最常吩咐的一句話就是：「回家記得要多喝水」。有患者問：「市面上那麼多種類的水，請問要喝哪一種水比較好？」這時候醫師可能一時之間會無法回答，因為醫學院沒有開這門課。

一般超商、百貨公司的超市部門或大賣場等，總是可以看到商品櫃上擺滿了好幾排的瓶裝水，有本地的、有進口的，琳瑯滿目，一瓶的標價從十五元到兩、三百元，甚至七、八百元不等。在桃園國際機場的商店裡，更曾經看過一瓶水標價為一千兩百多元，然而加油站卻常有隨油贈送一瓶水的狀況——瓶子裡面不都是水嗎？為什麼價錢會差那麼多？難不成瓶子裡除了水以外，還有其他更值錢的「東西」？

一則2014年4月22日的新聞，也許值得我們省思：

台北市環保局調查市售34款瓶裝水，發現12款根本就是自來水，比例高達3成5，高貴瓶裝水，騙很大。

以下列舉了一些常見的水，分別概略說明之：

自來水：主要以水庫作為水源，經混凝、沉澱、過濾、消毒過程純化過的水。

蒸餾水：水加熱形成水蒸氣，再經冷卻使恢復原來的液態水，利用「液相—氣相—液相」的轉換過程，排除異物的純水。

離子交換水：以一種離子交換樹脂來吸附水中的陰、陽離子，藉此純化水質，又稱「去離子水」。

逆滲透水：以一種具物質選擇性的半透膜，利用逆滲透原理純化水質。也就是在高張溶液（高濃度）施加壓力，使溶劑經半透膜流入低張溶液（低濃度），而分子較大的溶質將被這層半透膜擋住，可以達到分離目的，使水的純淨度提高。

礦泉水：不含有機和毒性物質自然湧出的泉水，含有礦物質與微量元素。

深海水：依經濟部水利署解釋，深海水為海平面以下200公尺的海水，或稱海洋深層水，含豐富礦物質與微量元素。

電解水、鹼性水、離子水：含電解質水溶液經電解所產生的兩種產物，在半透膜的分離下可生成一種鹼性水，或稱鹼性離子水。除此之外，還有一種酸性離子水。按宣傳內容，電解水有抗氧化、殺菌及療效等作用。

磁化水：水流經帶有N極和S極間磁化器的水。按宣傳內容，磁化水有利農作物、養殖魚類成長，亦可助食物保鮮，甚至具療效等。

有氧水：按宣傳內容，有氧水含有高濃度的氧，可以利用水為載體，將氧帶入腸胃中而破壞腸內厭氧菌的生長空間。

奈米水：按宣傳內容，奈米水的分子團比較小，容易進出細胞，可以溶解出細胞廢棄物等。

2-2 什麼樣的水才是「好水」？

——越純淨的水＝純天然的水？

什麼樣的水才是「好水」？這個問題就像什麼樣的人才是「好人」，很難有個明確的定論。

「好水」，是眾多商家的口號，也常在坊間的生活健康雜誌上出現。如果內政部警政署所發的警察刑事記錄，或稱良民證，可以證明此人是「好人」，那麼，通過環保署頒令的飲用水水質標準的水，應該就可以說是「好水」了。

《中國時報・醫藥保健版》在2005年4月5日刊出台大知名醫師發表「好水」的定義：

「好水」是沒有受到汙染、餘氯、細菌、重金屬、未經煮沸、該有的礦物質要有、且水分子團越小越好。

水中的礦物質我們在上一章節討論過，至於所謂「水分子團越小越好」，我們必須這麼說：**水的構造截至目前為止，在科學上並沒有**

一致的定論或共識。水的構造既然沒有定論，談水分子團的大小事實上不具意義。

國中理化課本告訴同學水分子是H_2O。液態水是很多水分子組成的集合體$(H_2O)_n$，$(H_2O)_n$進入體內後，水分子H_2O即從細胞膜上的「穿膜蛋白水通道」一個個循序地進入細胞內（參閱3-2〈水如何進出細胞〉，P.114）。很明顯地，「好水」的「水」指的是水分子，「好」指的是不要有水分子以外的「東西」。

前一節簡介了數種飲用水，其中包括了自來水、蒸餾水、離子交換水和逆滲透水，每一種水在處理的過程，目的都是盡量把水以外的溶質給除掉，以達到「好水」的標準，而純化後的水又保有原本的水性（例如，水的氫氧同位素的組成狀態，參閱1-2〈天然水由十八種水組成〉，P.23）。

礦泉水和深海水雖然含有豐富的礦物質，但不可能全都是「人體該有的礦物質」。水中礦物質及微量元素的必要性，我們已在前面也已進行討論，飲用水中的礦物質與微量元素，除了種類、形態之外，還必須考慮到「量」等諸多議題。

電解水、鹼性水、離子水、磁化水、有氧水及奈米水，係以外加電場、磁場、氧氣或其他方法來改變原水的物性，藉此表現出如宣傳內容的飲用水。

飲用水和食物都是要進入體內的物質，總舖師可應用各種烹調方法增加食物的美味，但不能改變食物的本質。所謂「食物的本質」，換句話說，就是食物原本的分子組成狀態。食物原本的分子組成狀態，如果因為高溫烹調而改變，就已失去了「本質」。以「烤焦」為例，食物可能會在碳化過程中進行分子重組，並因而改變原本分子的組成狀態，這就表示該食物已「非天然」。飲用水倘若以外加電場、磁場等而改變原來的物性，這種水已經不是天然水。由此可知，「好水」必須是純天然的水，因為天然水依地理環境有其一定的水分子組成狀態，這可能與健康有關係（詳見後述）。

總之，可以這麼說「天然善好！」

2-3 一生喝水187大桶
——水&溶質的你儂我儂

我們一個人一天最少需要喝水1.3公升，不包括食物中的水，一年下來就得喝474公升，如果以一桶200公升計量，大約是 2.5桶。內政部公告民國101年台灣人的平均壽命79歲，算起來我們一生喝水37446公升，相當於187 桶。

水是地球上最好的溶劑，幾乎什麼東西都能溶解於其中，包括岩石、玻璃、金屬等。以海水為例，溶解超過了七十種以上的元素。水有個特殊的溶解性質，即當水溶入某一物質後，對其他的物質更具溶解效果。例如空氣中的水，溶入二氧化碳後，水變成酸性，因而增加對其他一些物質的溶解效果。水對物質的「超溶解性質」，使得這世上沒有真正的純水。歷史上，柯勞思（Kohlrausch）為了製造最純的

水，1894年曾經將水蒸餾了42次。以今天的技術而言，如果以逆滲透方式處理，應該很容易就可以得到同等級的水。然而，世上沒有真正的純水，也沒有「標準飲用水」，只有政府相關單位規定的飲用水水質標準門檻。

187桶裡面有多少水以外的東西？沒有人知道。溶解在水裡面的東西，化學上稱為溶質。溶質依溶解性質分類，可以分成電解質與非電解質兩大類。電解質又可分為無機物質和有機物質兩種。無機電解質，如氯化鈉、氯化鉀等，而有機電解質，如胺基酸、醋酸等。非電解質，又稱中性物質，其中再分為極性物質和非極性物質。極性有機物質，例如醇、酮、糖等，非極性有機物質，例如苯類、烷類等。可以溶解在水中的物質，進入體內肯定會有作用，是營養或是毒物，那就得看是什麼樣的溶質。

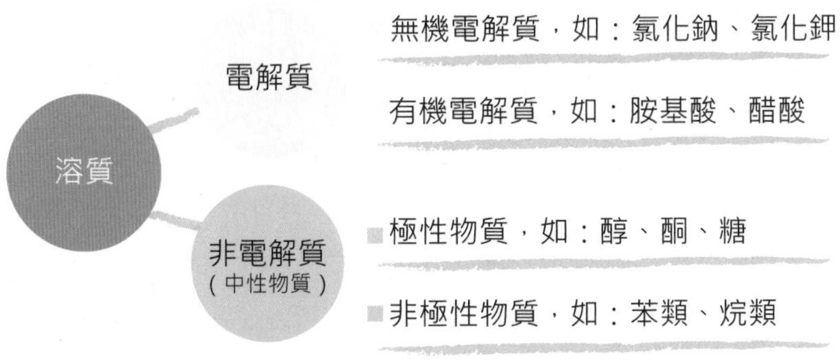

溶質
電解質
無機電解質，如：氯化鈉、氯化鉀
有機電解質，如：胺基酸、醋酸
非電解質（中性物質）
極性物質，如：醇、酮、糖
非極性物質，如：苯類、烷類

2-4 水，也分輕、重？

——輕的先蒸發，重的先落下

我們在1-2提過，一般水因氫、氧同位素的存在，實際上是九種水所組成的混合水，雖然「輕」同位素$^{1}H_2{}^{16}O$的水占大部分，但「重」同位素的水還是有0.24%。所以，含「重」同位素多的水，比較重；而含「重」同位素少的水，比較輕。

一杯擺在桌上的水，常溫下會慢慢地蒸發，這過程中比較輕的水先蒸發，剩下來的水會比原來的水還要重。

水的輕重怎麼量？早期地球化學家是以水的密度進行精密測試，然後以特定地方的水為基準進行比較。現在主要以穩定氫氧同位素比值質譜儀（IRMS）分析水的重氧（^{18}O）或重氫（D）同位素比值（$^{18}O/^{16}O$，D/H；以$\delta^{18}O$，δD表示）。質譜分析同位素的比率可以精確到 ±0.0001%，因而被廣泛採用。其分析的結果與標準品（VSMOW）的差值進行比較，並以δ表示，其定義請見「式3」。

（式3）

$$\delta^{18}O\ (‰) = \left[\frac{(^{18}O/^{16}O)_{樣品}}{(^{18}O/^{16}O)_{VSMOW}} - 1\right] \times 1000$$

$$\delta D\ (‰) = \left[\frac{(D/H)_{樣品}}{(D/H)_{VSMOW}} - 1\right] \times 1000$$

VSMOW（Vienna Standard Mean Ocean Water）是國際原子能總署（IAEA）在太平洋赤道地區採集的海水，以$\delta^{18}O$與δD值為標準。標準平均海水$\delta^{18}O$與δD均為0。由於同位素分化作用所產生同位素含量的差異相當微小，所以採千分比（‰）為單位，也就是千分偏差表示。

天然水從海洋蓄積能量後蒸發形成水蒸汽，當能量消失後又再度成為液態雨滴降落地面，氧同位素的比值在整個水相轉換過程中，不斷地變化著（圖19）。依VSMOW標準，海洋水的氧同位素比值（$\delta^{18}O$）為0，當蒸發時，由於^{16}O所組成的水分子比^{18}O所組成的水分子質量輕，因此容易先脫離海水表面，這時候的水蒸氣所含的^{18}O比較少，比值減低到 $\delta^{18}O = -13‰$；水蒸汽雲層氣流由平原慢慢向山區移動時，氧同位素 ^{18}O 比 ^{16}O 重的關係，含 ^{18}O 的雨水比較早降下，越往高山雨水中的 ^{18}O 含量越少，雨水會越輕，因而形成了梯度重氧比值。

這個結果說明，雖然同樣都是天然水，不同地方、不同氣候、不同形態的水，有不同的同位素比值，也就是不同的輕重。

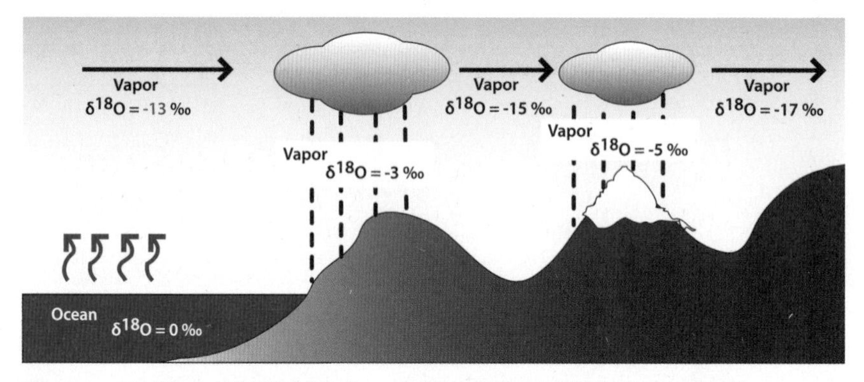

圖19：天然水循環過程中，氧同位素比值的分化情形

芝加哥研究團隊曾經利用天然水同位素分化特性，說明當地夏天的雨水為什麼比較重。夏天首次降下的雨水來自於墨西哥灣，所以比較重；而冬天的降雪則因為冬雪起源自太平洋的水，經過多次反覆蒸發，所以變得比較輕。

全球各地降水的穩定氫氧同位素比值（δD、δ^{18}O）有一定的趨勢，就是從赤道越往極地，其比值越低、越輕（圖20、圖21）。全球雨水穩定氫氧同位素比值在各國科學家的努力下建立了關係式：$\delta D = 8\delta^{18}O + 10$。但是不同地方因氣候關係會有些微的不同，例如地中海地區：$\delta D = 8\delta^{18}O + 22$；台北地區：$\delta D = 8.2\delta^{18}O + 11.6$。

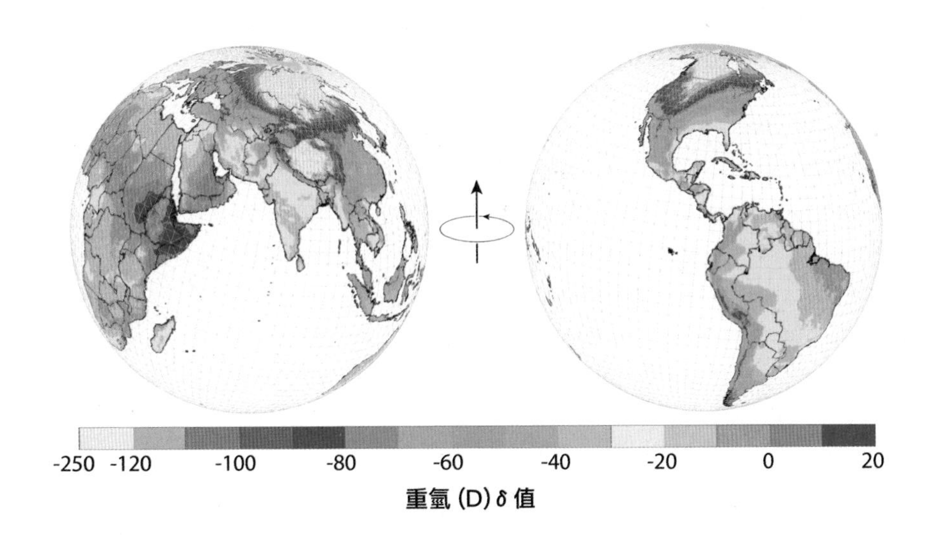

圖20：全球各地降水的重氫（D）δ值*

*資料引用：Ehleringer, J. R. et al. in Issues in Environmental Science and Technology (2008)

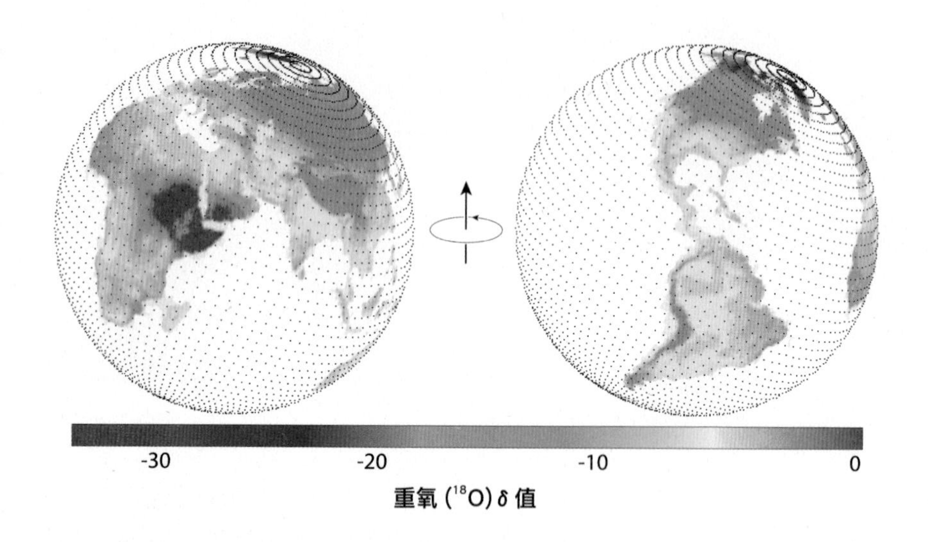

圖21：全球各地降水的重氧（^{18}O）δ 值*

*資料引用：Bowen et al., Geology, (2002)

2-5 台灣飲用水的「輕重」

——「穩定氫氧同位素」一點也不「穩定」！

台灣地處西太平洋季風區，夏季與冬季因受季風影響，雨水的穩定氫氧同位素比值在季節間差距比較大。中央研究院地球科學研究所汪中和教授，在2000至2010年間，記錄每月從台北地區雨水所測得穩定氫氧同位素的月均值（圖22）。

很明顯，在台北地區，夏季的雨水比較輕，而進入冬季就變重，兩季之間的差異相當大。

中興大學彭宗仁教授與中央研究院汪中和研究員等人在1993至2008年間，從全國20個雨水收集站，夏、冬兩季共3500個水樣分析出來的平均同位素比值差距（圖23）。顯示台灣島四周環海，所處的氣象地理位置，因為受到不同季風的影響，使得台灣飲用水的「輕重」實際上一直變化著，也因此台灣飲用水是一種組成變化不斷的「混合水」。

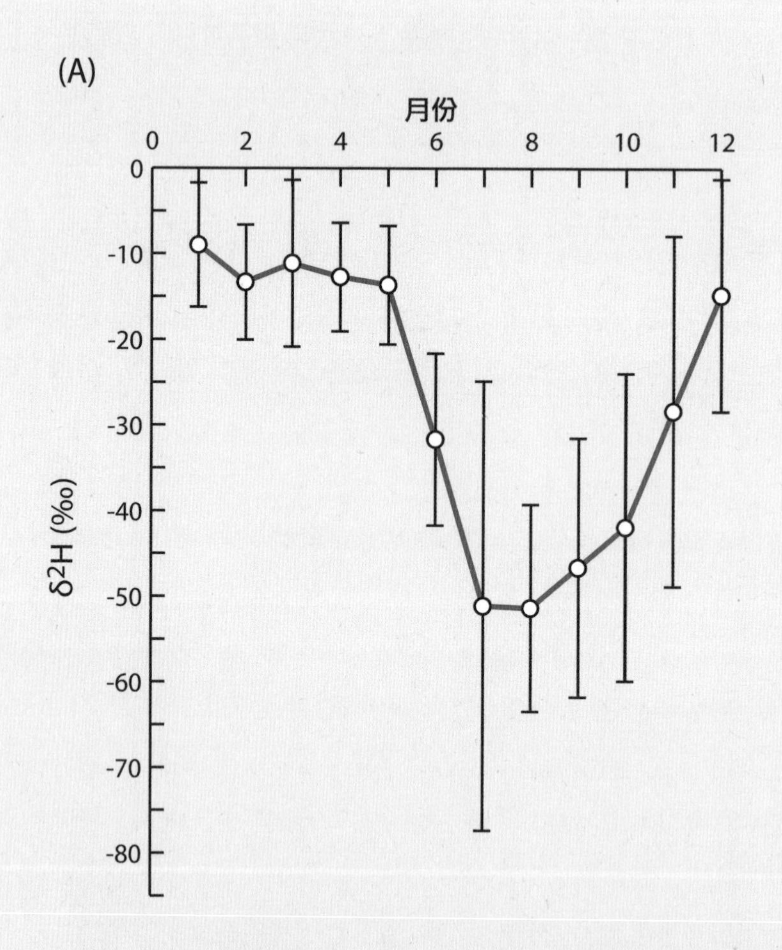

圖22：台北地區2000至2010年雨水穩定氫氧同位素月平均δ值

(A)穩定氫同位素，重氫的月均值。

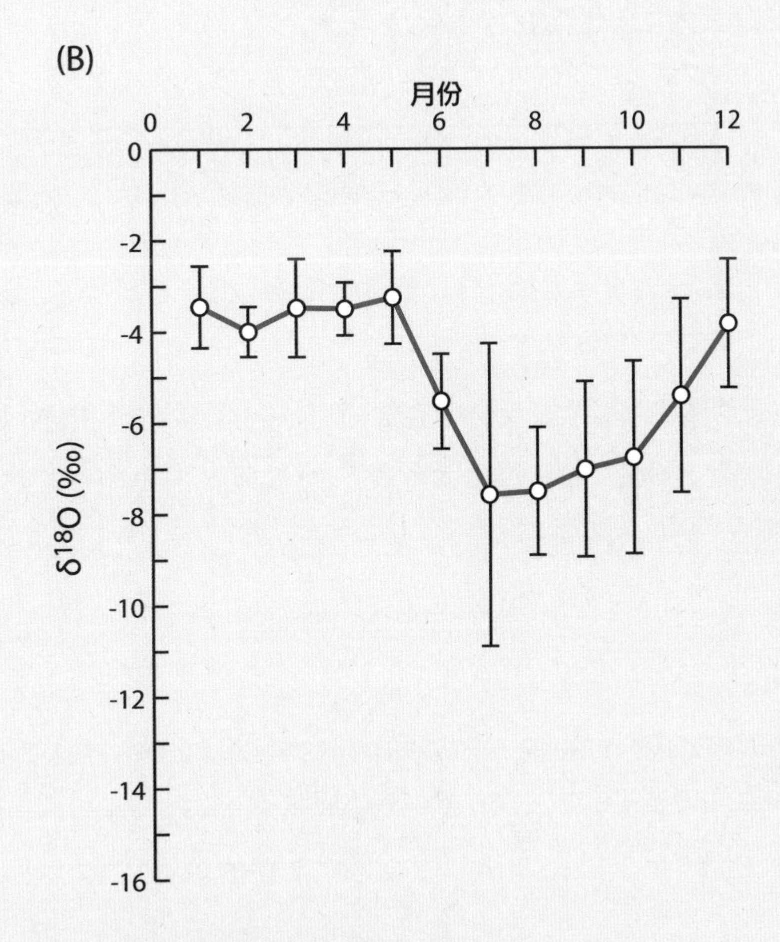

(B)穩定氧同位素，重氧的月均值。

雨水是台灣飲用水的主要來源，雨水的穩定氫氧同位素比值隨氣候因子的變化而改變（圖23），這就表示我們日常喝的水，其實水分子的組成狀態經常在變化。

人體超過60%是水，每天還必須攝水約2.1公升（含食物），不同水分子組成狀態的水在體內的運作，值得我們探討。

氣候與疾病的相關性研究，台大、中醫、中興、清大的校際合作調查報告（全球變遷通訊雜誌，2005）指出，台灣都會區心血管及呼吸道疾病死亡率與氣象因子有關聯。氣象因子包括溫度、氣壓、濕度、風速。其他文獻也提及，不同國家、不同地區、不同氣候型態，心血管疾病發生率與死亡率確實與季節及環境溫度變化有關係。

水的穩定氫氧同位素組成狀態雖然不是氣候因子，卻受氣候因子的影響而改變，加上人體每天必須攝水約2.1公升（含食物），水的穩定氫氧同位素組成的改變是否影響疾病或生理機能？這是一項新的研究主題。

(A)

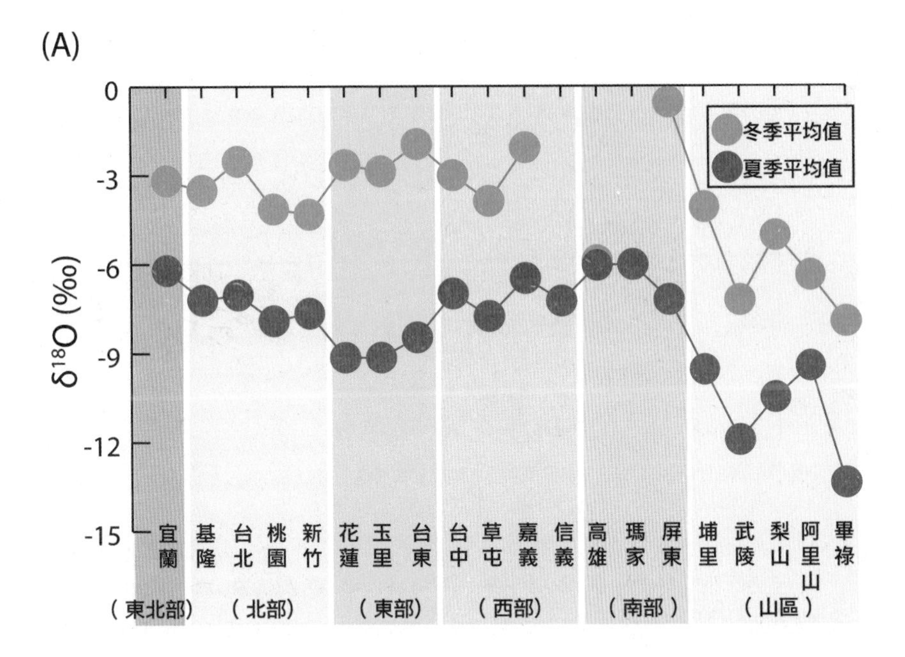

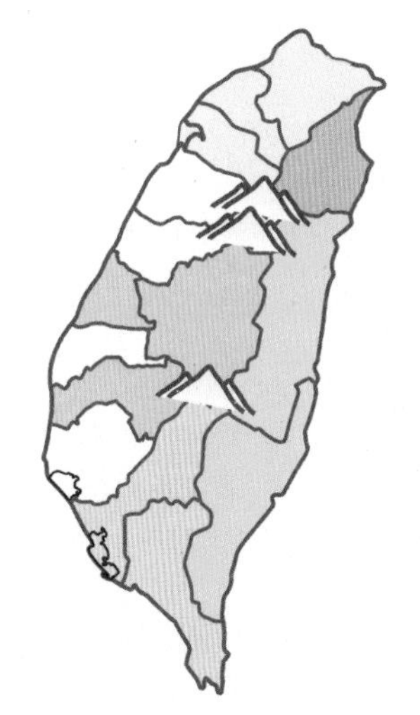

圖23：全台灣在1993至2008年間全國各地20個雨水收集站，冬、夏二季雨水穩定氫氧同位素δ值

(A)穩定氧同位素冬夏兩季δ平均值。

（圖中數據取自T.R. Peng, et al. Earth and Planetary Science Letters，2010）

(B)

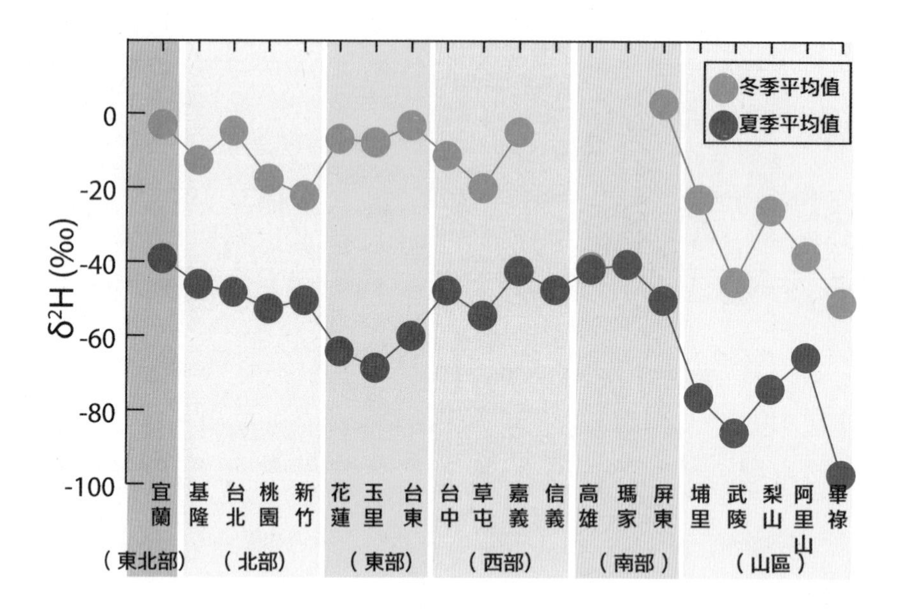

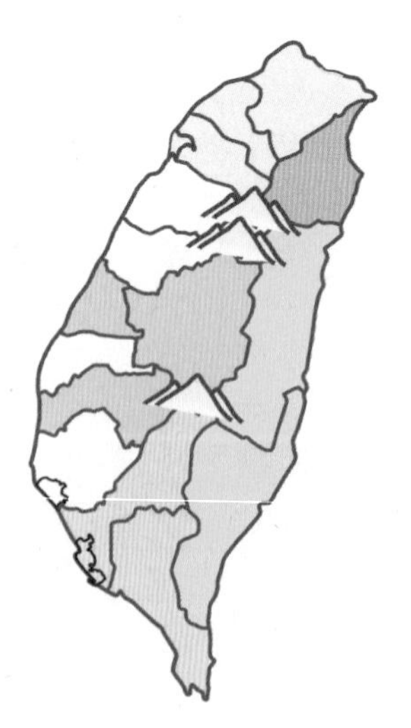

(B)穩定氫同位素冬夏兩季δ平均值。

（圖中數據取自T.R. Peng, et al. Earth and Planetary Science Letters，2010）

2-6 水的「輕重」對人體與生物的影響

——喝什麼樣的水，就會有什麼樣的頭髮

平常我們喝的水，除了輕水（$^{1}H_2{}^{16}O$）占有99.76% 之外，「重的水」有0.24%（表2）。以每天至少喝水1300毫升計算，每天攝取「重的水」3.12毫升，一年365天喝入1.1公升以上，那麼，「重的水」到底會不會影響身體健康呢？

這裡要再次強調，「重的水」是含有「重」氫，或「重」氧，或兩種同位素都有的水分子所組成的水。「重水」是水分子只由「重」氫（^{2}H）和氧（^{16}O）化合而成的$^{2}H_2{}^{16}O$（或稱氘水，D_2O）。

「重的水」會不會影響身體健康？醫學上至今並沒有這方面的報告，但是飲用水的「重」同位素影響動物或人類組織蛋白質的同位素 δ 值，卻有不少的研究報告。崔森（L.A. Chesson，2011）研究團隊分析從美國各州超市購買的牛排，發現飼養在草原上的牛隻，其組織蛋白質的 δ 值與當地雨水的 δ 值有關係。分析結果顯示，水的「重」氧 δ 值高，牛排蛋白質的「重」氧 δ 值亦高。

除此之外，艾霖爵（J.R. Ehleringer，2008）分析從全美國65個城市收集到的頭髮，發現頭髮（主要成分為「角蛋白」）的穩定氫氧同位素δ值，和居住地的飲用水的δ值存有相互的正向關係。也就是說，如果飲用水中的同位素δ值高，頭髮的δ值也比較高；飲用水的δ值低，頭髮的δ值也低。

這兩篇研究報告說明我們平常喝的水，水分子中的同位素會參與體內蛋白質的合成。蛋白質分子上的氫氧原子一旦被「重」同位素取代，由於同位素效應，分子會更趨安定。頭髮是皮膚的附屬器官，也就是保護機體最外層的器官，「重」同位所取代的角蛋白質分子將更具耐氧化及抗紫外線特性。

我們相信，非洲人頭髮的抗紫外線特性會比北極圈住民的頭髮來得強。這就是為什麼「好水」必須是「純天然」，因為喝什麼樣的水就會有什麼樣的頭髮。

目前為止，雖然「重的水」對人體與生物有什麼樣的影響還不清楚，但是重水（D_2O）在這方面的報告就比較多，其對生物影響所得到的結果很值得參考。

2-7 重水的毒性
——毒不毒？20%是關鍵！

重水（D_2O）是「重的水」之中唯一具有高純度（99.8%）並且買得到的試劑，因為重水大量使用在核工業上作為反應爐的減緩劑。分析物質的毒性，純度是相當重要的，有了高純度的重水，其對生物影響的研究資料也相對較多。我們由實驗數據也可以得知，輕、重水在物性上是有差異性的（表8）。

重水在低濃度時幾乎沒有毒性，研究室在進行代謝實驗時，喝入幾毫升重水是常有的事。高濃度（大約超過體重的20%）的重水，對於動物則是有毒性的。細菌在100%重水中的增殖現象明顯遲緩。大部分藍綠藻類可以在100%的重水中成長，但是比起一般水要緩慢。90%濃度的重水可殺死小魚、蝌蚪、果蠅。青蛙的肌肉在100% 重水中無法收縮。

老鼠體內重水濃度在15%時，幾乎沒有什麼特別顯著的異常，但濃度超過30%時可能會死亡。餵給老鼠50%的重水，會使其腎臟對血液的過濾率下降約40%，但是將重水（D_2O）換回一般水（H_2O）飲用後，腎功能很快又恢復正常。因此，科學家推論，重水可能只造成腎臟功能的改變，但沒有直接的毒害。

表8：輕、重水的物性

	$D_2{}^{16}O$（重水）	${}^1H_2{}^{16}O$（輕水）	${}^1H_2{}^{18}O$（重水）
密度 (g/cm^3 , 20^0C)	1.1051	0.9979	1.1106
融點 (^0C) (760 mm Hg)	3.82	0.0	0.28
沸點 (^0C) (760 mm Hg)	101.42	100.0	100.14
比重 d^{25}	1.107	0.99708	
最大密度的溫度 (^0C)	11.6	3.98	4.30
臨界溫度 (^0C)	371.5	374.2	
臨界壓 (atm)	218.6	217.7	
比熱 ($cal{\bullet}K^{-1}{\bullet}g^{-1}$) ($15^0C$)	1.02	1.00	
融解熱 ($cal{\bullet}mol^{-1}$)	1520	1436	
蒸發熱 ($cal{\bullet}mol^{-1}$)	9969	9710	
黏性 (η /m Pas, 20^0C)	1.247	1.002	1.056

觀察重水在人體中的情形，1公斤的體重，重水攝量約0.1毫升的程度並不會有什麼影響。也就是，一個成年人體內有5至7毫升的重水，並不會有什麼異常反應。這時的血中濃度約在150到300 ppm之間，這濃度幾天內就會下降到正常值的一半水平。文獻報告（Wallace，1995），當人體內的重水濃度達23%時，在短時間內並沒有發現有任何的毒性 。

癌症的放射治療法之中有一種稱為「硼中子捕獲治療方法」（BNCT），這種放射治療對於腦腫瘤有很好的效果。報告指出，醫生為了提高中子對含硼化合物腫瘤組織有效的穿透性，體重70公斤的患者曾經喝入高純度重水5公升，這個飲用量接近體內水的10%。

重水的毒性在物理化學上，可分為溶劑效應和同位素效應兩種：溶劑效應是重水分子與細胞內生化分子間的相互作用，例如氫鍵；同位素效應是細胞內生化分子的氫原子被同位素取代，由於質量的不同，振動頻率、光譜、分子的運動速度的改變而影響分子間碰撞機率、反應及擴散速率，結果影響細胞內物質移動、代謝速率、神經傳遞等。

生化分子的同位素效應一般發生在C原子上的不可交換氫原子（C－H → C－D）會比較顯著（圖24）。如果是發生在O，N，S原子上的可交換氫原子（例如：O－H → O－D），由於在H^+的環境下可以逆交換的關係（O－D → O－H），同位素效應不明顯。不過，細胞內酵素分子的可交換氫原子被重氫取代時，還是會導致酵素反應的速率減慢。

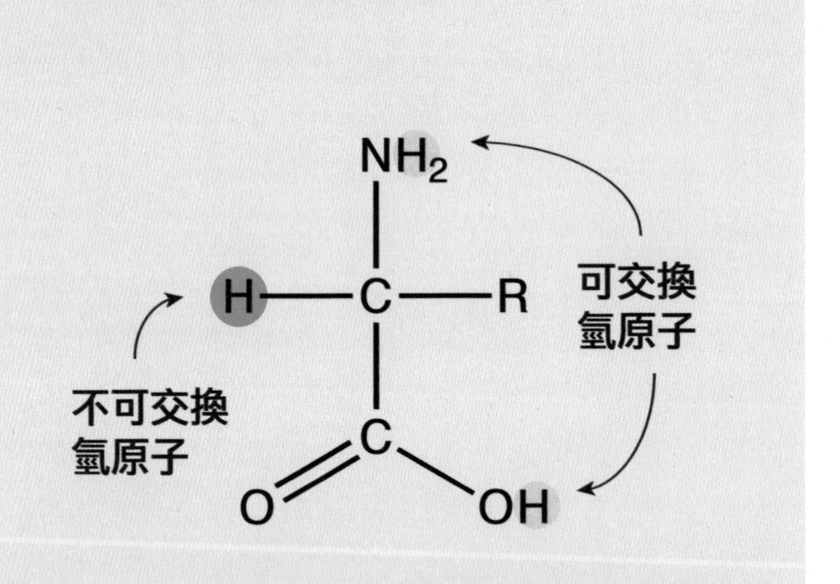

圖24：分子中可交換氫原子（氫原子鍵結在陰電性高的原子）與不可交換氫原子（以胺基酸分子為例）

2-8 「重」同位素生化分子
——聰明的頭腦，很嗜「重」！

我們以自然界主要元素，以及其穩定同位素的含量來和成年人體內一般含有的元素及其穩定同位素進行比較（表9）。很容易就可以觀察到，人體似乎是比較喜歡「輕」的同位素，可是與此同時，人體也並沒有排除「重」的同位素。

人體為什麼會有這些「重」同位素？是有機體沒有能力辨識嗎？或是這些所謂的「重」同位素另有其他的作用？

分子的化學性質、反應活性，取決於分子最外層的電子組態。我們以碳與「輕」、「重」同位素的氫所形成的分子鍵構造（C－H）為例（圖25）。這兩個同位素分子的構造，除了原子核的中子之外，最外層電子數都一樣，可以說化學性質幾乎相同，因此推測體內的「重」同位素的存在，很可能是有機體沒有辨識能力，或根本不須辨識，所以將自然界存在的同位素含量「照量全收」。

我們若以人體內的重氧（氧-17、氧-18）和重氮（氮-15）含量，對照自然界重氧、重氮的含量時，兩者的含量相當接近（表9中的百分比數據），這個研究結果可以支持有機體對自然界同位素「照量全收」的說法。不過，如果我們以重碳（碳-13）和重氫（氫-2）在人體內與自然界中的平均含量進行比對時，發現人體內所含的平均重碳百分比卻高出自然界的十倍，平均重氫的百分比也同樣高出自然界的兩倍（表9）。

這個結果表示，人體內所含的「重」同位素並不如前文所推測，也就是，並非順從自然界原有的含量「照量全收」。事實上，人體是具有同位素辨識能力的有機體，有選擇性地吸收器官組織所需要的「重」同位素分子。

為什麼組織需要同位素分子？「輕」、「重」同位素分子間雖然有最外層相同的電子組態，但原子核中子數的差異，使得兩者的質量數並不相同。「重」同位素所形成的分子鍵，其基態能階要比對應的「輕」同位素分子鍵為低。換言之，「重」同位素取代的分子鍵要比「輕」同位素的分子鍵安定（圖25）。一般化學反應的發生是舊的鍵先斷，新的鍵才能夠形成，因此「重」同位素分子鍵的安定將影響斷鍵的快或慢，即所謂的動力學同位素效應（KIE）。

細胞內生化分子主要以碳－碳（C－C），碳－氫（C－H）鍵組成，這兩種元素倘若被對應的「重」同位素取代（$^{12}C \rightarrow {}^{13}C$；$H \rightarrow D$），分子將更趨安定，要切斷這類化學鍵就必須耗更多的能量。例如：H－H＝431.8＜H－D＝435.2；而C－D化學鍵的強度十倍於C－H。

細胞內「重」同位素生化分子可有效減低氧化物、輻射線的攻擊，甚至因反應速率變慢而有延長細胞壽命的可能性。

表9：主要穩定同位素在自然界的含量 & 歐洲、北美洲成年人一般體內穩定同位素的平均含量

穩定同位素種類	自然界中的含量（%）	一般成年人體內的含量[b, c]
碳-12	99.89	11.4 公斤
碳-13[a]	0.11	137.0 公克（1.2 %）
氧-16	99.795	30.4 公斤
氧-17[a]	0.037	12.3 公克（0.04 %）
氧-18[a]	0.204	68.6 公克（0.22 %）
氮-14	99.633	1.3 公斤
氮-15[a]	0.366	5.1 公克 （0.39 %）
氫-1	99.985	5.0 公斤
氫-2[a]	0.015	1.5 公克（0.03 %）

a) 為重同位素。

b) 歐洲、北美洲成年人一般體內穩定同位素的平均含量。

c) 本表參考W Meier-Augenstein數據製作。

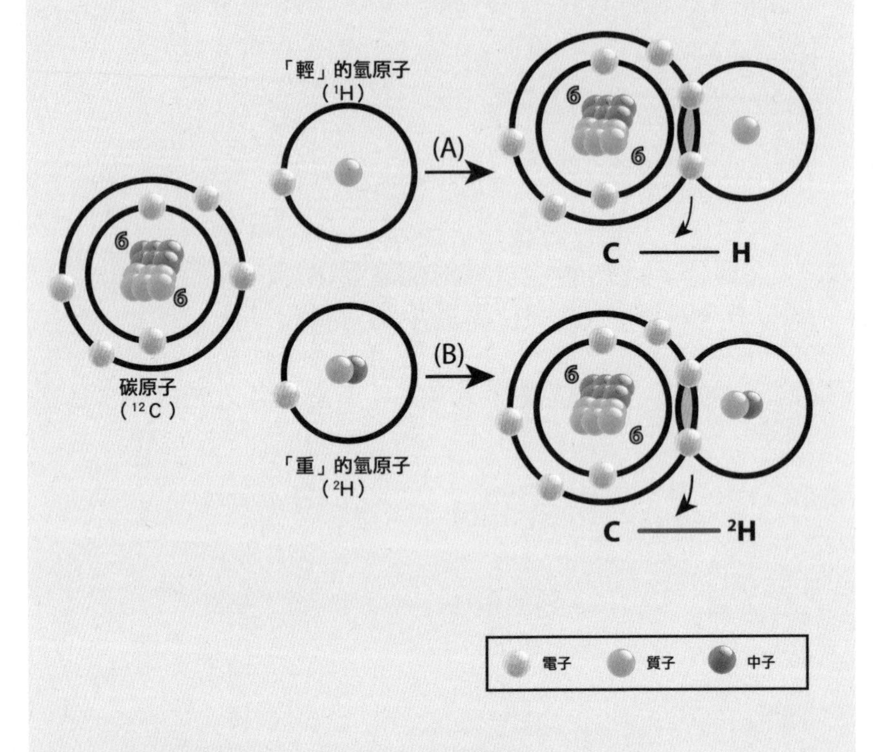

圖25：同位素分子的共價鍵

(A)碳「輕」氫化合物分子鍵（部分構造）。

(B)碳「重」氫化合物分子鍵（部分構造）。

人體哪些器官組織需要「重」同位素分子？目前並不清楚，然而在動物實驗所得到的結果發現，重要器官含「重」同位素確實比其他器官來得多。例如，沙鼠（Gerbil）腦組織的重碳含量比肝臟高，而老鼠腦器官的重碳含量也比肌肉、脾臟或頭髮為高。「頭腦」是最重要的器官，顯然也是最「重」的器官。

動物把體內微量的「重」同位素優先配置在重要器官，這樣的作法，相當類似於酷寒地帶的動物把體內「抗凍劑」分配在不同器官的情形。兩生類木蛙為防止極低溫可能對牠們的生存產生威脅，肝臟會將肝糖迅速分解成葡萄糖，再利用血液把葡萄糖迅速送到身體各器官作為抗凍劑，以防止冰晶的形成造成細胞被破壞，然而各器官所分配到的葡萄糖濃度並非均等，濃度高到低依序是：肝、心、腦、腎、肺、皮膚、肌肉。可以說是依各器官的重要性，進行了不同濃度的分配。

腦神經細胞的壽命幾乎與生命體相同，我們相信腦細胞內有最多的「重」同位素生化分子。

2-9 重水的抗癌活性

——氘是天然物質，抗癌無副作用

重水的抗癌研究早在1936年費雪（Fisher）已經提出報告。他指出重水濃度超過20% 具有細胞毒性，會減緩雞纖維母細胞成長的速度。1960年曼笙（Manson）在動物（老鼠）癌細胞的培養試驗發現，重水濃度10%的情況下，細胞增殖速度會稍微減緩，而濃度在40%或50%時，即產生細胞毒性。1988年歐特昧（Altermatt）在異種腫瘤移植的裸鼠實驗中，以30%或更高濃度的重水，經口給水，可以有效減緩腫瘤成長及延長存活時間。

1998年日本高田（Takeda）發現重水10%至30%濃度，對於人類消化器官組織，包括肝、胰、胃及大腸四種癌細胞株都具有抗癌活性。他以兩組Panc-1腫瘤移植的裸鼠試驗，其中一組以重水30%濃度餵食，另一組以一般水作為控制組進行觀察，實驗結果顯示，兩組的存活天數與體重雖然沒什麼差異，但是腫瘤面積大小卻有顯著的不同（表10）。高田認為，已知重水濃度在30%以下並不會有明顯的毒性，因此計劃進一步使用濃度30%以下的重水，進行臨床惡性肝腫瘤局部灌注的治療試驗。

表10：重水（D_2O）抑制老鼠Panc-1腫瘤的效果*

	腫瘤面積估計（立方毫米±標準差）			平均存活日（天數±標準差）	體重（克±標準差，13天）
（n=7）	第8天	第11天	第13天		
控制組	355（±252）	932（±515）	1830（±840）	17.6（±2.5）	28.4（±2.1）
30% D_2O	247（±194）	394（±323）	1191（±931）	18.1（±2.8）	28.1（±2.9）

＊兩組給水7天後，開始植入腫瘤細胞。（參考H Takeda et al., 1998製作）

2005年維也納醫學大學哈曼（Hartmann）研究指出，重水在人類胰腺癌細胞株（AsPC-1，BxPC-3與 PANC-1）具有癌細胞凋亡作用。哈曼指出，胰臟癌的死亡率相當高，重水在這方面的表現值得重視。

目前臨床使用的抗癌藥劑大部分是合成藥物，其抗癌的機制基本上是利用體外的分子對抗體內的癌化分子，由於體內不能容許外來分子，所以任何藥物都有程度不同的副作用。重水的氘元素，人體內約有1.5克（表9），不算是體外的元素。既然體內原本就有的元素，倘若含量又必須維持在一定的範圍（生理恆定性），人體當然要隨時從食物與飲水中攝取補足。因此，刻意增加或減少體內氘含量，癌細胞將會因為同位素濃度的改變而影響正常的增殖，其中最大的優點就是不會有一般藥物衍生副作用的問題。

2-10 低氘水的抗癌活性
——認識「超輕水」的抗癌原理

一般水（天然水）的重氫（氘）濃度大約是155 ppm。所謂「低氘水」（Deuterium Depleted Water，DDW），是氘濃度比一般水還要低的水。

1993年，匈牙利分子生物學家桑氏（Somlyai）在細胞培養的實驗中觀察到，實驗用水的氘濃度過低時，細胞增殖會顯著減少。因此他認為，一般水的氘濃度是細胞正常增殖所必需的濃度，所以只要把水的氘濃度減低，應該可以抑制癌細胞增殖的效果，這是因為癌細胞增殖速率高於正常細胞。

他以氘濃度30至40 ppm的低氘水在實驗老鼠身上進行試驗，實驗老鼠移植了人類乳癌細胞，結果確實看到老鼠的腫瘤有被抑制的效果。接下來經過一系列低氘水的抗癌相關試驗後，1999年他以Vetera-DDW-25®取得匈牙利政府許可的動物（狗、貓）抗癌用藥。DDW-25表示水的氘濃度為 25 ppm。

我們在這裡要特別強調，Vetera-DDW-25®低氘水並未獲得匈牙利政府的人體抗癌用藥許可。

「超輕水」（super light water）是日本從匈牙利進口低氘水，並在日本當地販賣的商品名。超輕水在日本並未獲得厚生省（衛生單位）癌症用藥的許可。低氘水在美國同樣沒有取得食品與藥物管理局（FDA）藥用的許可，市場上有添加碳酸的低氘水Preventa®-105（氘濃度105 ppm），以營養輔助飲料水的名義進行販售。

Column 2

「水」土不服

氣候變化影響身體健康，阿公、阿嬤應該最清楚，因為季節變化總會帶給他們諸多身體不適。人體面對外在環境的變動或刺激時，體內細胞仍須保有良好的生存條件，以確保健康，又稱為生理恆定作用。年長者或身體虛弱者，由於生理調適能力降低，恆定維持較困難，非常可能因為氣候變動而造成身體的不適。

水是大量進出身體的物質，水分子穩定氫氧同位素組成的變動對身體健康不可能沒有影響，只不過其影響所反映出來的訊息，醫學上目前尚未有相關文獻記載，所以也談不上什麼樣的臨床症狀。不過，民間所謂的「水土不服」，或許與同位素的變動有關係。

「水土不服」是人們因地理、氣候環境的改變，所發生的生理機能不適，如食欲不好、精神疲乏、睡眠品質不佳，甚至於腹瀉、胸悶、皮膚癢、身體懶洋洋，卻往往說不上哪裡有病。一般容易發生在出遠門的旅人身上，「記得帶一瓶水或一把泥土」——這是許多人對即將出遠門的親友所叮嚀的一句窩心話。

「水」是喝的水，「土」是從土壤長出來的食物。一般食物除了水分之外，其餘絕大部分是碳及氮的有機物。自然界穩定同位素除了水的氫、氧元素之外，有機物的碳、氮、硫等元素都有同位素。這些同位素在飲水及食物中的組成狀態，依品種、地理位置及氣候因子而不同，習慣於原居住地飲食的「出外人」，當新環境的飲水與食物同位素的組成狀態瞬間落差過大時，體內就必須耗損更多的能量來進行調整。

一篇以世界瓶裝水穩定氫氧同位素比值的調查報告（Bowen，2005），在234個分析樣品中發現不同生產地的水，其穩定氫氧同位素比值，δD從-147 ‰到+15 ‰；δ^{18}O從-19.1 ‰到+3.0 ‰，差距真的非常大。

體內能量瞬間額外的耗損，對一般健康人而言或許不會有什麼感覺，不過，對於年長或體能狀況不佳的人，身體可能因為短時間失去生理平衡，而產生某種程度的不適，這應該就是俗稱的「水土不服」。

「帶一瓶水或一把泥土」是老祖宗的智慧，出遠門前，準備一瓶家鄉的飲水，帶一些本地的食物，能夠在剛進入不同環境時，作為一種「緩衝劑」。食用當季、當地的食物，喝當地潔淨的水，是養身專家提倡的健康信條。從同位素的角度，當季當地的飲食，同位素組成變化不大，可減少體內負擔，有助身體健康。

水，在人體內的各種運作狀況

3-1 水在人體中主要的功能與作用
——唯一，無可取代的溶劑

人是多細胞生物，每一個細胞要生存就必須不停地吸收營養素與氧氣，同時也需要將細胞代謝的廢物及二氧化碳給排出，而這些物質的運送只有水能夠勝任，因為水是最好的溶劑。對於那些本身沒有移動力的血球細胞，也只有水能夠任其浮游流動。

細胞內化合物必須不停地反應，以獲得必要的能量，而水正是反應場中唯一的溶劑。化合物在水中是以水合物狀態存在，也就是化合物的周圍被一層水分子所包圍。由於水分子為極性分子，包圍化合物的水分子可能是氫原子直接結合，也可能是氧原子直接結合，當然這要取決於化合物的分子構造，其結果化合物因外層水分子的結合而具有配向性。細胞內擁擠的環境由於水合物所具有的配向性，使化合物之間的認識、移動精準無誤。水合物的配向構造可藉由中子衍射法（neutron diffraction）對氫原子進行分析觀察。

細胞內蛋白質、核酸、脂質等生化分子，需要有特殊的立體構造始能表現其生理活性。以蛋白質為例，有1、2、3級，甚至4級構造。1級是鏈狀構造，3級、4級為複雜的立體構造，生理活性的表現至少3級以上。從鏈狀到複雜的立體構造，此一過程雖然真正的機制現在還不十分清楚，但這過程只能在水溶液中完成（或稱摺疊）。顯然，水是蛋白質構造摺疊的驅動者（圖26）。

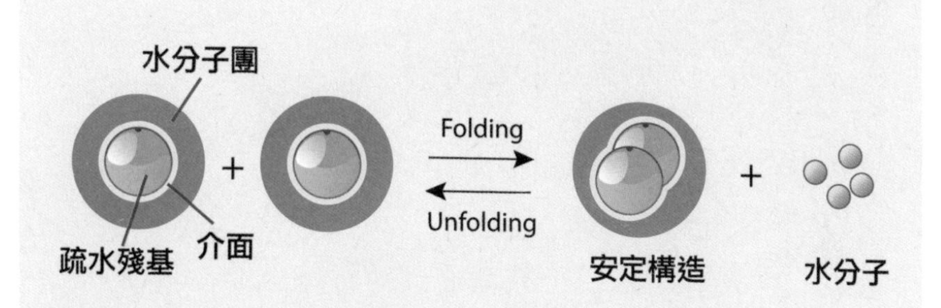

圖26

細胞內生化分子屬雙性分子，例如蛋白質，其分子鏈上有親水性也有疏水性殘基（胺基酸），當親水性殘基和水結合而將整條分子鏈拉入水中時，由於疏水性殘基對水的排斥，使周圍水分子的熱運動受到束縛（熵減少），故而顯得較不安定，這時系統為盡量減少水分子的熱運動受到束縛，即驅動蛋白質構造的改變，集合分子鏈上疏水性殘基以疏水性相互作用在一起，以減少疏水面積（熵增大），確保蛋白質在水中的安定性。

3-2 水如何進出細胞
——通透原理，破解「貴就是好」的迷思！

水分子只有兩個氫原子和一個氧原子，分子很小，運動又快（10^{-12}轉／秒）。過去的一般認知是水分子可以自由進出細胞。事實上，水要進出細胞，現在所知道的途徑有兩種。一種是經由細胞膜上一種穿膜蛋白質所形成的水通道（aquaporin）進出（圖27），一種是水分子的滲透作用。

水通道蛋白發現於1992年。該年，美國約翰霍金斯大學醫學院阿格雷醫生（P. Agre），從患者紅血球細胞膜上分離出來穿膜蛋白質生物分子，經日本京都大學藤吉教授的極低溫電子顯微鏡分析，確定該穿膜蛋白（AQP1）可以大量讓水分子進出。由於通道上兩條蛋白分子以逆向排列，在冬氨酸－脯氨酸－丙氨酸（NPA）模組位置的尾端，透過精氨酸（R）形成帶正電荷的隘口，因此即使水溶液中帶電的H^+（H_3O^+）也不能通過（圖27）。

水要進入細胞，水分子必須成一縱列，依蛋白質通道壁上胺基酸序列所形成的電場進入。水分子通過蛋白質通道時，原先以分子間正、負電荷所形成的氫鍵排列，進入隘口時，會改由隘口的冬氨酸和水分子的氧原子形成氫鍵，接著氧原子上的另外一對孤立電子再和逆向排列的冬氨酸形成氫鍵，同時離開與水分子之間的氫鍵（圖27B）。

水分子進入細胞的這種行進方式，很像在叢林裡穿梭的猴子，一隻手抓住前面的樹枝之後，另外一隻手才放開以確保不會掉下來。也就是說，水要進出細胞，每一個水分子都要在穿膜蛋白水通道的監控下，一步一腳印地行進。

2003年阿格雷以發現穿膜蛋白水通道及水分子進出細胞機轉而獲得諾貝爾化學獎。目前為止，已發現的哺乳類穿膜蛋白水通道有十三種（表11）。為什麼需要那麼多不同種類的穿膜蛋白水通道呢？阿格雷認為，可能是不同組織對水分的調控有不同的需求。

水分子進入細胞的另一途徑是滲透作用。水分子以滲透作用，經細胞脂質雙層膜進出細胞。關於水分子藉由膜內外不同滲透壓進出細胞的理論，2004年台大物理系趙治宇博士曾經以生物環境穿透式電子顯微鏡（Bio-TEM），在細胞膜般的離子型液晶分子觀察到水分子的進出，因此推論水能夠和細胞脂膜分子間的互動滲透進出。水經細胞脂質雙層膜進出的效率遠不如穿膜蛋白質水通道。

喝水，可以大口爽快地從嘴巴喝進肚子裡，但是水要進入細胞內，每一個水分子卻必須在穿膜蛋白水通道嚴密的監控下始能通過。我們再次提醒，售價高或其他附加功能的水，不但沒有優先通過細胞的權力，甚至可能帶來體內的負擔。一瓶好水，水分子以外的「東西」一定要少。

圖27（見右頁）

細胞膜上穿膜蛋白水通道（AQP1為例）由四個次單元蛋白質集合而成。各次單元都有一個水通道，圖中所示為一個次單元的水通道。

(A)籃框是NPA模組（冬氨酸－脯氨酸－丙氨酸）行程的隘口，由蛋白質的兩條α螺旋狀體逆向排列的冬氨酸－脯氨酸－丙氨酸序列相對而成。其中帶正電荷位置為NPA模組尾端的精氨酸（R）。

(B)隘口放大圖。細胞外水分子要進入細胞內必須在NPA模組隘口的冬氨酸（N_{192}）形成氫鍵，同時間切斷水分子間氫鍵並轉向與另一冬氨酸（N_{76}）形成氫鍵，其過程是透過重置水分子極性的方向達成。在隘口部分有組氨酸（H_{180}）調控隘口的大小，另外在NPA模組尾端的精氨酸（R_{195}）可造成靜電排斥力，使水溶液中帶電的H^+不容易通過。最後，由細胞內水分子接手形成氫鍵帶進細胞內。

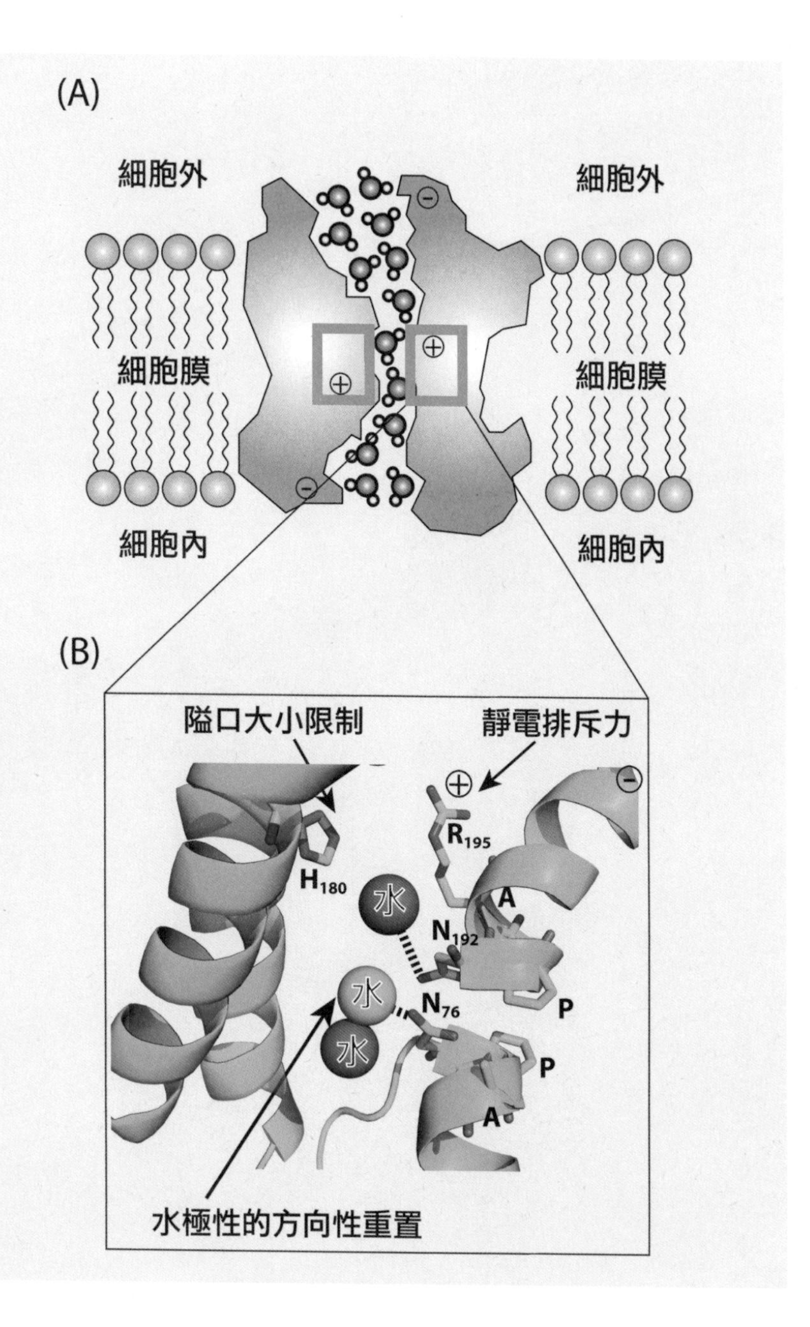
(A)
細胞外
細胞外
細胞膜
細胞膜
細胞內
細胞內
(B)
隘口大小限制
靜電排斥力
R_{195}
H_{180}
水
A
N_{192}
水
N_{76}
P
水
P
A
水極性的方向性重置

表11：穿膜蛋白水通道的種類

穿膜蛋白水通道	水通過效率	主要分布
AQP0	低	眼睛水晶體纖維細胞
AQP1	高	紅血球、肺、腎、腦、眼睛及血管內皮細胞
AQP2	高	腎臟
AQP3*	高	皮膚、腎、肺、眼睛及腸胃道
AQP4	高	腦、腎、肺、腸胃道及肌肉
AQP5	高	分泌腺、肺、眼睛
AQP6	低	腎臟
AQP7*	高	脂肪組織、腎及睪丸
AQP8	高	腎、肝、胰、腸胃道及睪丸
AQP9*	低	肝實質細胞及白血球
AQP10	低	十二脂腸及空腸
AQP11	NA#	腦、肝、腎及睪丸
AQP12	NA#	胰性腹水細胞

* 為aquaglyceroporin

相關資料未知

3-3 細胞內、外水的狀態

——一顆蛋，看見長壽的祕密

細胞膜對物質具有特殊的選擇性，一方面可以從細胞外選擇必需的物質（營養素），另一方面可以把細胞代謝廢棄物質排出細胞外。所以細胞內、外的物質環境不盡然是相同的。以無機物質為例，細胞外液最多的陽離子是鈉，依序是鉀、鎂；最多的陰離子是氯。然而細胞內液最多的陽離子是鉀，鈉離子反而比較少；陰離子則以磷酸占大部分，氯離子卻相當少。這個事實讓對於探討水和生命關係有興趣的人，很難不去進一步思考：「細胞內、外的水一樣嗎？」

細胞內、外最多的物質是「水」。前面提過，水因為穩定氫氧同位素的存在，事實上是一種混合水，其同位素的組成並不是固定的，不同環境下的水會有不同的同位素組成狀態。細胞內、外的水是否一樣？針對這個問題，可以從同位素組成狀態來進行探討。

關於細胞內、外水的同位素組成狀態，科學家普遍認為：水不論是直接經細胞膜，或經穿膜蛋白水通道進出細胞，由於擴散速度很容易快速地達到平衡狀態，所以細胞內、外水的同位素組成狀態應該是相同的。不過，2005年的一篇研究報告對於這種平衡狀態的看法打了一個問號。

美國猶他大學的Kreuzer-Martin在2005年《美國國家科學院期刊》上發表：大腸桿菌內、外水的氧同位素組成狀態（$\delta^{18}O$）會隨細菌的成長週期而改變。在對數成長期（log phase），也就是菌體在大量繁殖代謝旺盛時期，菌體內有70%以上的水是來自於體內養分的代謝（氧化水），有30% 是來自於培養液中的水。說明單細胞內、外水的氧同位素組成狀態並不相同。

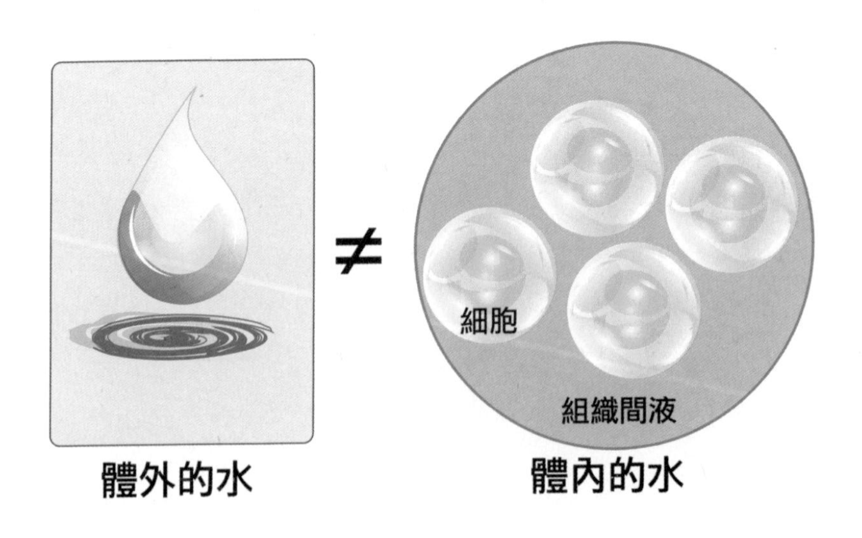

至於動物細胞內、外水的穩定氫氧同位素組成狀態是否不同，目前為止並沒有文獻報告。原因可能是細胞內、外採水的困難度。據了解，目前國內或國外穩定氫氧同位素比值的分析，對於水樣品的要求是2毫升以上。要從動物細胞外採2毫升「純的水」很簡單，可是要從細胞內採2毫升「純的水」相當困難。

我們認為，細胞內、外的水是否相同，在醫學生理學上具有重要意義。為了能夠從單一細胞內、外各採足2毫升的水，最後選擇雞蛋作為分析標的。未受精雞蛋的蛋黃，廣義上是一個細胞，蛋白則在細胞外。雞蛋容易收集且價格便宜，蛋黃、蛋白內的水不但量多且容易分離。

雞蛋由蛋殼、蛋白及蛋黃所構成，除了呼吸所需的氧氣，一顆剛剛生下來的蛋，為了胚胎發育所需，整顆蛋本身已具備了足以供給生命需要的養分及水分。我們從新北市購得無受精雞蛋，敲開後黃色的蛋黃和無色透明的蛋白看得清清楚楚，隨即以針筒將蛋白（濃蛋白）及蛋黃分別吸取注入樣品管，接著以無水氯化鈣間接採水後進行真空蒸餾。

雞蛋內的純水經過穩定氫氧同位素比值質譜分析的結果顯示，蛋黃的純水和蛋白的純水，不但同位素比值不一樣，甚至差距還頗大。分析結果證明細胞內、外水的穩定氫氧同位素組成狀態並不相同（圖28）。

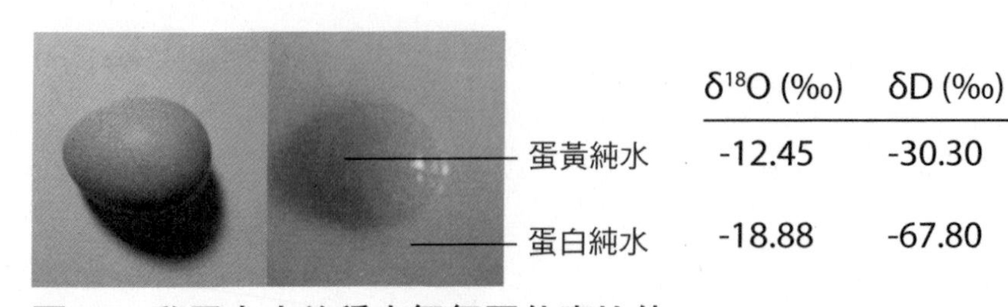

δ18O (‰) δD (‰)
蛋黃純水 -12.45 -30.30
蛋白純水 -18.88 -67.80

圖28：雞蛋中水的穩定氫氧同位素比值

（數據來源：本書作者實驗室；雞蛋來源地：新北市）

這個意想不到的結果，使我們有了以下的動機，就是把本地飼養的禽魚類所生產的蛋一併分析，其中包括鴨蛋、鵝蛋、鱉蛋及鱷魚蛋（屬種未進行調查）。龜蛋因找不到本地飼養的商業販賣來源，因此沒有列入分析標的。

鴨蛋、鵝蛋、鱉蛋及鱷魚蛋透過穩定氫氧同位素比值質譜分析，結果與雞蛋類似，亦即每一種蛋的蛋黃和蛋白中純水的穩定氫氧同位素比值確實有很大的差異（圖29）。

動物體內的水的穩定氫氧同位素來自於飲水、食物與大氣中的氧，其中飲水占大部分。生產這些蛋的「蛋媽」全部在台灣飼養長大，喝當地的水，我們起初認為蛋裡面水的同位素 δ 值應該會接近當地的水。不過，在比較這五種蛋的同位素 δ 值和飼養地全年雨水最低 δ 值之後，驚訝地發現，這五種蛋的蛋黃與蛋白 δ 值，比其飼養地的雨水還要低（表12）。δ 值低，表示水中所含的「重」同位素比較少。

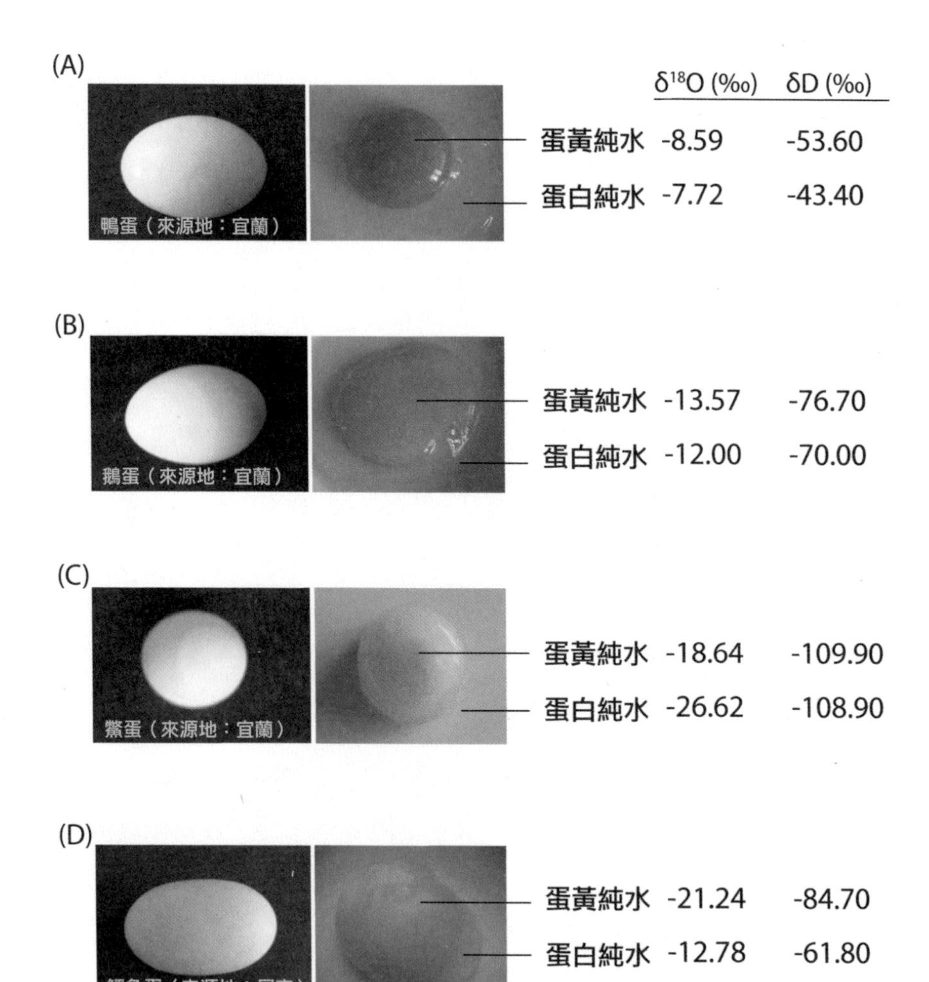

(A)
δ18O (‰) δD (‰)
蛋黃純水 -8.59 -53.60
蛋白純水 -7.72 -43.40
鴨蛋（來源地：宜蘭）
(B)
蛋黃純水 -13.57 -76.70
蛋白純水 -12.00 -70.00
鵝蛋（來源地：宜蘭）
(C)
蛋黃純水 -18.64 -109.90
蛋白純水 -26.62 -108.90
鱉蛋（來源地：宜蘭）
(D)
蛋黃純水 -21.24 -84.70
蛋白純水 -12.78 -61.80
鱷魚蛋（來源地：屏東）

圖29：本地飼養的禽魚類所生產的蛋，其蛋黃和蛋白中純水的穩定氫氧同位素比值

(A)鴨蛋、(B)鵝蛋、(C)鱉蛋、(D)鱷魚蛋。

（數據來源：本書作者實驗室）

「蛋媽」產下來的每一顆蛋都具備了胚胎發育時所需的全部養分及水分。根據質量守恆定理，我們推論，「蛋媽」不可能把飲水中所含的「重」同位素留在自己體內，而使蛋裡面水的「重」同位素減少。但是，事實上，根據我們的實驗數據，蛋裡面水的同位素δ值確實比飼養的給水還要低，表示「蛋媽」在蛋的形成過程中，把飲水中的「重」同位素配置在蛋黃和蛋白中的生化分子。因此，如果蛋裡面水的同位素δ值越低，表示蛋黃和蛋白中生化分子的「重」同位素含量越多，其目的是希望動物體組織有足夠含量的「重」同位素。前面提過（詳見2-8〈「重」同位素生化分子〉，P.99），動物重要的器官組織需要相對較高含量的「重」同位素，藉以增強組織分子的安定性。即使是卵生動物，其生命的精緻亦令人讚嘆。

賀伯森（K.A. Hobson, 1999）在研究飲水與食物如何影響動物組織氫同位素比值的報告中指出：鵪鶉的代謝活性組織（如肌肉、血液、肝、脂肪）約有18%至22%的氫同位素是來自於飲水與食物，代謝不活性組織（如羽毛）則有32%。此研究說明了，飲水中重氫同位素進入羽毛組織的比例要比進入其他器官組織為多。羽毛是鳥體最外層的重要運動功能器官（飛翔器官），主要成分為角蛋白（keratin），是一種纖維性蛋白質。鳥類的羽毛組織含有較多重氫同位素，可以說是為了提高組織內生化分子的安定性，藉以增強對抗紫外線及氧化反應的侵害。

「蛋媽」在懷蛋期，把飲水（包含食物）中的「重」同位素盡量配置在蛋黃、蛋白的生化分子中，因而蛋裡面的水，不論蛋黃或蛋白，其δ值均低於飲水的δ值。

我們研究中的五種蛋裡，鱉和鱷均屬兩棲爬蟲類，堅厚的外皮是其重要功能器官，「蛋媽」必須從飲水中「篩選」更多「重」的同位素配置到蛋黃、蛋白的生化分子中，這兩種蛋的蛋黃和蛋白中水的同位素δ值很明顯偏低（表12）。

美國學者契森（L.A. Chesson）在2011年分析動物蛋白質的穩定氫氧同位素δ值，從美國各地超級市場購買牛排，經過去脂、脫水、細切、磨碎等處理，再測量蛋白質中的穩定氫氧同位素值。這些牛都飼養在購買地區的牧草草原上，喝飼養地草原上的水。我們可以看到，牛隻蛋白質中氫同位素δ值遠遠低於當地的水，而氧同位素δ值卻遠高於當地的水（詳見表13）。這篇報告證明飲用水的穩定氫氧同位素會進入牛肉的蛋白質分子中，直接佐證了我們對雞蛋的觀察時，何以蛋內的水δ值會低於飼養地的水所提出的推論。

至於牛肉的氫同位素δ值為什麼遠低於當地的水？這是因為沒有進入蛋白質分子的碳原子上（C-D）。換言之，氫同位素只鍵結在氧或氮原子上（O-D；N-D），這屬於可交換氫同位素原子（圖24）。根據文獻，這類原子在樣品脫水的處理過程中很容易被去除。

表12：台灣本地養殖類蛋黃與蛋白中純水的穩定氫氧同位素δ值*

	蛋黃		蛋白		飼養地 全年雨水最低δ值	
	$\delta^{18}O$ ($^0/_{00}$)	δD ($^0/_{00}$)	$\delta^{18}O$ ($^0/_{00}$)	δD ($^0/_{00}$)	$\delta^{18}O$ ($^0/_{00}$)	δD ($^0/_{00}$)
雞蛋	-12.45	-55.20	-18.88	-67.80	-7.03	-48.2
鴨蛋	-8.59	-53.60	-7.72	-43.40	-5.20	-39.2
鵝蛋	-13.57	-76.70	-12.00	-70.00	-5.20	-39.2
鱉蛋	-18.64	-109.90	-26.62	-108.90	-7.20	-50.2
鱷魚蛋	-21.24	-84.70	-12.78	-61.80	-7.20	-50.2

＊數據來源：本書作者實驗室

從蛋、鵪鶉以及牛肉的例子，我們發現動物居然把自然界極為少量的「重」同位素配置在組織分子上，而這些「重」同位素一直被認為不利於生物的成長。這也讓人聯想到一個有意思的問題：生命為什麼離不開水？這問題一般會從生命組成的明星化合物，例如核酸、蛋白質進行深度的探討。其實，從水的角度，以水分子的穩定氫氧同位素組成狀態切入，很容易就有答案：

生命體的組織需要從一般水獲得同位素以安定組織生化分子。

史賓闕諾夫（M.S. Shchepinov，2007）在知名的生命科學期刊（BioEssays）發表一篇名為〈吃「重」同位素可以活得更長壽？〉的文章，文中提出一項假說，即「重」同位素分子由於能夠降緩化學反應速率，減低氧化壓力下所產生的各種疾病，因而得以延長壽命。

表13：美國部分城市地區草原牧牛之牛肉蛋白質的不可交換氫（圖 24）與總氧以及牛隻飼養地雨水的穩定氫氧同位素δ值*

城市地區	牛肉 同位素δ值 (‰)		雨水 同位素δ值# (‰)	
	δD	$\delta^{18}O$	δD	$\delta^{18}O$
Soda Springs（愛達荷州）	-174	9.7	-111	-14.9
Emery（猶他州）	-176	7.8	-100	-13.6
Ashland（奧瑞岡州）	-148	13.3	-95	-12.4
Lebanon（印第安納州）	-133	12.6	-49	-7.5
Monticello（密蘇里州）	-133	12.9	-50	-7.4
Vance（南卡羅來納州）	-105	18.9	-32	-5.1
Grandview（德州）	-96	18.9	-35	-5.0
Citra（佛羅里達州）	-108	18.6	-25	-4.0

＊表格製作參考（L.A. Chesson et al. 2011）
#依OIPC水同位素組織網站估算雨水同位素δ值

人類壽命延長的研究，科學家從未放棄挑戰，透過減緩老化過程以延長壽命是分子生物學家努力的方向之一。

現在請讀者進行一個有趣的觀察，本書實驗中蛋黃和蛋白中純水的同位素δ值（表12），蛋裡面純水的同位素δ值越低，我們推測以後誕生出來的動物的組織內所含有的「重」同位素就越多（站在不同的起跑點）。再依據史賓闕諾夫的假說，我們可以推得，蛋裡面純水的同位素δ值越低，長大後此動物的壽命就會越長。有趣的是，在我們的實驗中，我們確實看到了這樣的趨勢關係，亦即在蛋黃中純水的「重」氧同位素δ值越低，其相對應的動物的壽命越長（圖30）。

參考現有的文獻資料，五種動物的平均壽命為：鱷80年以上，鱉約60年，鵝28至50年，雞5至8年，鴨3至5年。

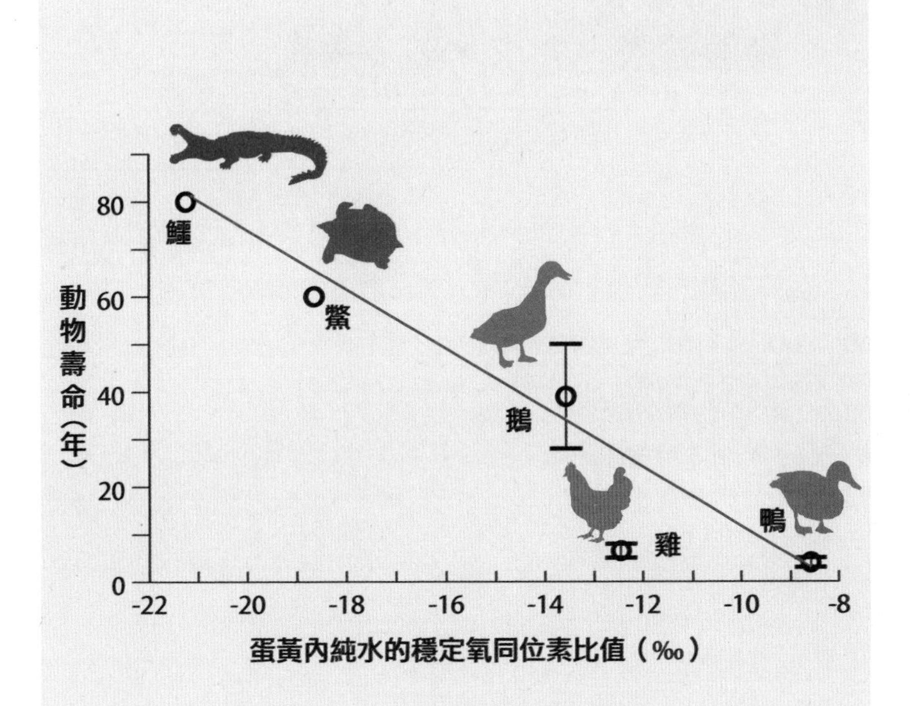

圖30：蛋黃中純水的穩定氧同位素比值（δ ^{18}O）
與動物壽命的關係

3-4 人體水分的收支

——儲蓄健康，力求水收支平衡

關於人體水分的占比，成年人約占體重的60%至70 %，老年人60 % 以下，新生兒比較多（出生後28天內），約占80 % 以上。體內一天使用的水大約是180公升，這是成年人腎臟一天來回不停淨化血液所得到再生水的總量。

人體為了維持生命的正常活動，每天平均還必須攝取2500毫升的水，其中飲水約1300毫升，食物中的水約850毫升，體內養分（醣類、脂肪等）氧化過程中產生的代謝水（又稱內生水）約350毫升。相同的，人一天也會失去約2500毫升的水，包括500毫升由皮膚不知不覺地蒸發，400毫升由肺臟呼氣出去，尿液排出1400毫升，以及糞便200毫升。因此，喝水如果超過正常量，多出來的就從尿液排出，倘若有所不足，則由人體內全部的水來彌補（圖31）。

體內的水在醫學上稱為體液。體液在生物學上可以分為細胞內液與細胞外液（圖31）。細胞內液是細胞內所含的水；細胞外液是細胞外的水，包括血漿及細胞間液。成年男性細胞內液約占體液的40%，細胞外液約占體液的20%。

水喝入體內後，從腸胃道、腸靜脈，經肝臟到心臟，再由大動脈、小動脈、微血管滲透到組織間液，接著部分進入細胞，部分回到淋巴管、小靜脈，再回到心臟，這樣的全身循環所需的時間大約30至40分鐘。

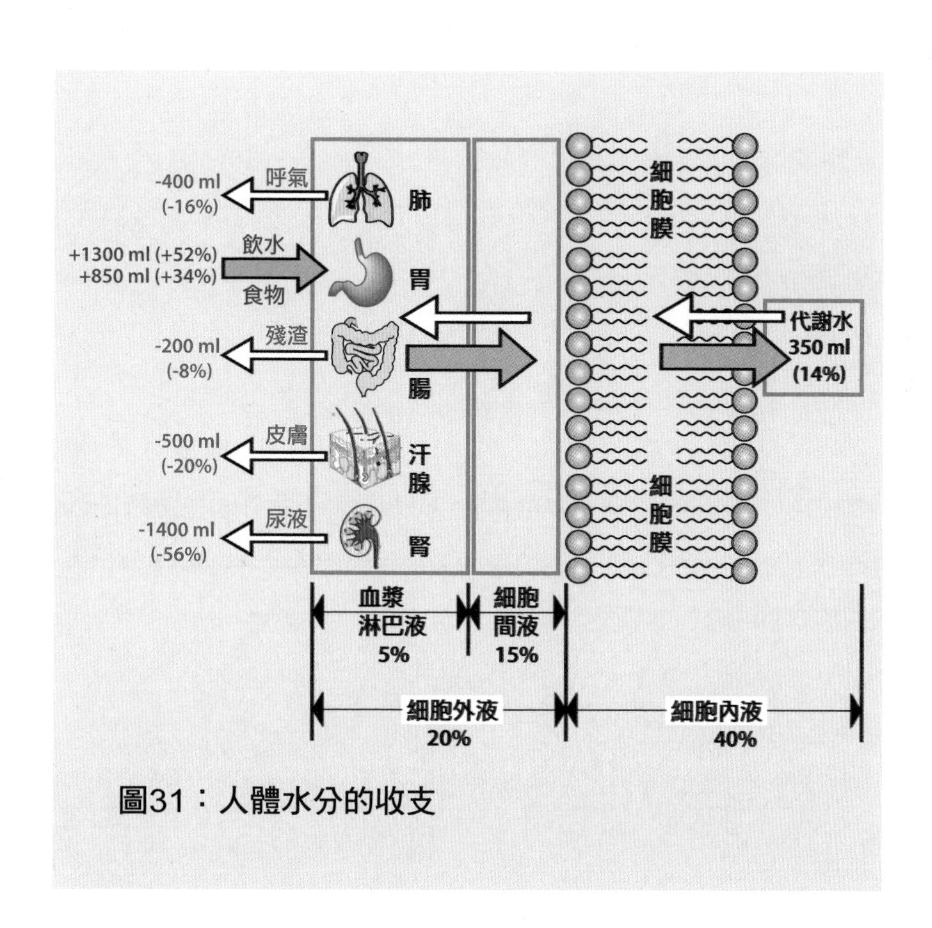

圖31：人體水分的收支

3-5 體內水的運動狀態
——以水為鏡，癌組織無所遁形

人體內的水和一般水由於存在的環境不同，水的狀態，包括水分子的運動狀態，水分子的同位素組成狀態會有所不同。體內有約65% 的水，這些水在健康人和病人之間是否一樣？是否有什麼不一樣？這問題在臨床檢驗醫學上具重要意義。

分子的運動有直線和圓周兩種，直線運動是分子朝著某一方向移動，圓周運動是以分子內適當的迴轉軸進行圓周轉動。分子以這兩種運動同時進行，很像保齡球的霹靂球，也像棒球投手投出的變化球，一邊旋轉一邊行進。水溶液中，水分子周圍全是水分子，所以各水分子的運動會不停的互相衝突返回。直線運動和圓周運動都是分子熱運動，因此運動受溫度的影響而變化，溫度高時運動比較激烈，溫度低時運動比較慢。熱運動也會受溶質的影響，由於體內的水不是純水，裡面溶有無機離子、有機小分子、高分子物質等，這些溶質以及高分子構造的變化，都可能改變水的運動狀態。

測試溶液中水分子的熱運動狀態，一般採用的方法是核磁共振弛豫技術（NMR relaxation technique）。這裡概略說明「弛豫」的現象，即處於平衡狀態的某分子集團（可以是固體、液體、氣體；該分子集團一般以「系」稱呼），在極短的時間內，施以力的作用，此時「系」就會失去平衡狀態。但是，當力的作用消失時，「系」又可回到原來的平衡狀態，這現象就稱為「弛豫」，而回到原來平衡狀態所需要的時間，稱為弛豫時間。對「系」作用的力有很多種，例如壓力、溫度、電場、磁場等。

我們以水分子在電場作用的介電弛豫現象作為例子（圖32）：當處於平衡狀態的極性水分子，瞬間施以電場E作用時，水分子的極性方向以圓周運動偏向電場做出θ角度的傾斜，當電場E切斷後，水分子又恢復到原來的狀態。恢復到原來狀態所花費的時間，稱為圓周弛豫時間。

核磁共振弛豫技術相對複雜些，大部分的原子核都具有核自旋，核自旋就像是一小塊磁石，當這一小塊磁石擺放在一強大的磁石（外磁場）中間時，核自旋小塊磁石將依核特有的能量狀態進行分布，也就是核自旋的平衡狀態。在這強大磁場下的核自旋平衡狀態，受到外部電磁波（無線電波）瞬間的作用下，隨即失去平衡狀態。

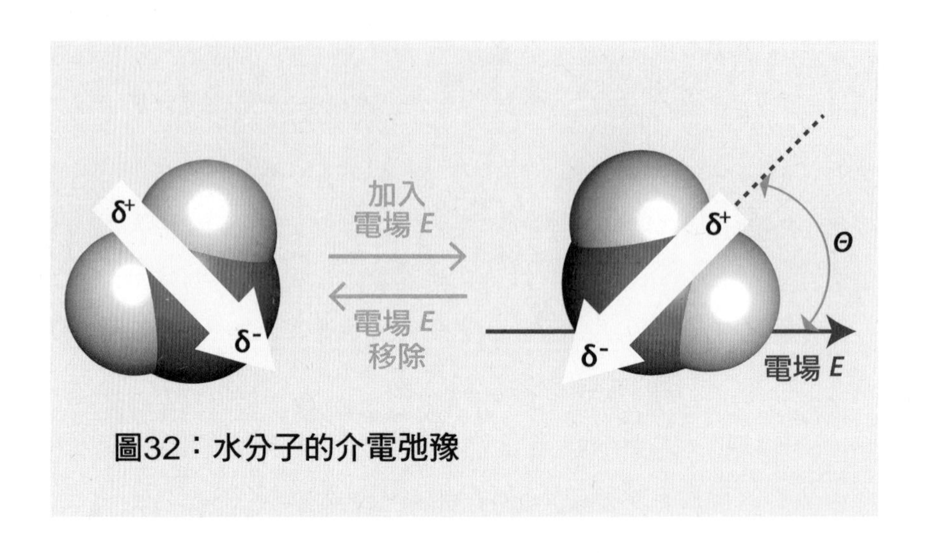

圖32：水分子的介電弛豫

紐約州立大學醫學院，達馬蒂安（R. Damadian，1971）在美國《科學》期刊發表，氫－核磁共振（H-NMR）的弛豫技術可以在老鼠身上觀察到不同器官組織的水有不同的弛豫時間（縱、橫弛緩，兩種時間），甚至發現老鼠正常組織與癌組織的水也有不同的弛豫時間。他在大白鼠的兩種固形癌組織（Walker肉瘤與Novikoff肝瘤）觀察到水的弛豫時間都比正常組織（肌、腎、胃、腸、腦和肝）長。表示癌組織和正常組織中的水分子熱運動並不相同。之後，他進一步研究發現，人體內正常組織與病態組織的水，同樣可以利用水分子的熱運動狀態進行辨識。很明顯地，癌組織的弛豫時間確實比正常組織來得長（表14）。縱弛豫時間長，表示癌組織的水分子熱運動狀態比正常組織來得快，比較自由。

有關癌組織水分子弛豫時間長的現象，當時有學者認為，可能是癌組織中鉀離子濃度比較高的關係，因為水溶液中鉀離子的擴散係數大於鈉離子，水分子的熱運動比較快。但是，後來發現，癌組織中鉀離子濃度其實比正常組織來得低，推翻了原先的假說。另外，也有學者認為是癌組織中水的含量比正常組織多，也就是組織內分子濃度較低，水分子自由度高，所以縱弛豫時間比較長。經過正常組織與癌組織同量水的測試比較，證明癌組織的縱弛豫時間確實比正常組織來得長。

實驗的結果證明，氫－核磁共振的弛豫技術確實可以從器官組織的水，辨識癌組織與正常組織，達馬蒂安因此向美國專利局提出醫療核磁共振診斷工具的專利申請並獲得許可，於1977年完成第一部全身核磁共振掃描儀。

核磁共振波譜（NMR）在1952年獲得諾貝爾物理學獎，由理論逐步發展到實用技術，並在1991年獲得諾貝爾化學獎。隨後，美國化學家保羅勞特伯與英國物理學家彼得曼斯菲爾德，進一步利用核磁共振技術開發出今天臨床非侵入醫療診斷的三維影像儀（MRI），此二位科學家於2003年共同獲得諾貝爾生理與醫學獎。每一項諾貝爾獎最多可以有3名獲獎人，達馬蒂安是否因獲得專利而失去獲得諾貝爾獎的機會？沒有人知道。

表14：人類癌組織與正常組織中水的氫－核磁共振弛豫時間（縱弛豫，T_1）*

組織	癌組織 (秒)	正常組織 (秒)
乳癌	1.080	0.367
皮膚癌	1.047	0.616
胃癌	1.238	0.765
腸道癌	1.122	0.641
肝癌	0.832	0.570
骨癌	1.027	0.554
膀胱癌	1.241	0.891
卵巢癌	1.282	0.989

*本表參考（R. Damadian， 1974）製作

3-6 體內水的同位素組成狀態

——水至清則無魚，混合水才是天然

全球各地的降水，依地裡位置、氣候、環境的差異，其穩定氫氧同位素的組成狀態有所不同。全球各地的降水各有不同的同位素比值（圖20、圖21），而同一顆蛋的蛋黃和蛋白的水也各有不同的比值（表12）。因此，我們可以合理推測，健康人體內的水和病人體內的水應該會有不同的比值。

分析人體內的水，可從人體的排泄物採水，或從血液（血漿）採水。我們本次的實驗以血漿中的水作為分析標的。

居住於台北地區、不同年齡的健康成年人共11名，自願擔任受驗者，其中6名以隨機靜脈採血，另外5名以空腹（至少8小時）靜脈採血，採血管不加抗凝血劑或任何藥劑。所採的血樣，經過血球血漿分離後，取上層淡黃色血漿，接著以無水氯化鈣間接脫水後真空蒸餾。從血漿分離「純水」（下面以「血漿純水」稱之），過去參考文獻上有血漿直接蒸餾法，也有膜過濾法或真空冷萃採水法。我們堅持以氯化鈣間接脫水，因為這種方法只有水分子可以離開血漿進入氯化鈣，可以避免任何有機分子進入水中而影響分析數據（圖33）。

11名自願受驗者為不同年齡的健康成年人，藉由其「血漿純水」經穩定氫氧同位素比值質譜分析的數據結果可以看到（表15），所有自願受驗者的「血漿純水」的平均δ值有很小的標準差，尤其是空腹採血組；隨機採血組因為受驗者在不同時間與受到飲食內容的影響，δ值相對分散應屬合理，但是差距並不大。這個結果表示，一般水（含食物）的氫氧同位素δ值雖然依環境上下變動，一旦進入體內，都能夠維持在一定的範圍內（最近超過30名的個別試驗樣品，分析結果亦相同），表示健康成年人對於水的穩定氫氧同位素具有一定的代謝分化作用（圖34）。

人體的生理機能在正常情況下，體內水分、心搏和呼吸次數、血糖濃度，以及鈣、鐵的濃度、體溫等都能維持在特定的範圍內，這種現象又稱為「生理恆定性」，也是人體健康檢測最基本的平台。

「血漿純水」中穩定氫氧同位素的組成狀態同樣具有恆定作用，這是生理學上首次的新發現（表15、圖34）。

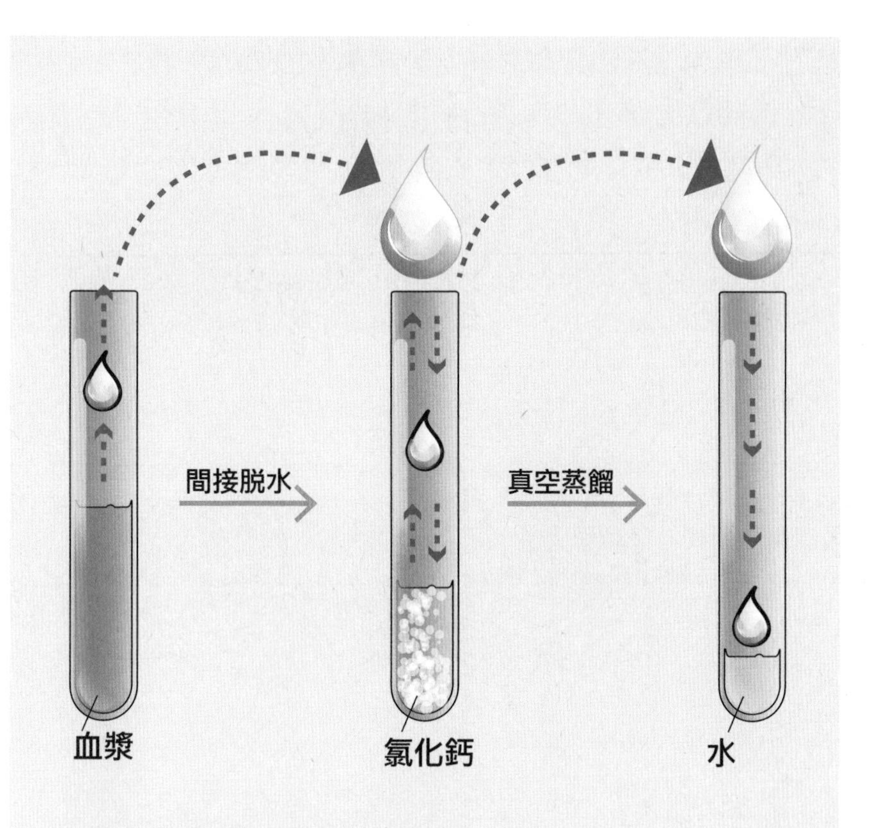

圖33：血漿中水的分離方法

以無水氯化鈣間接把血漿中的水分子吸附後真空蒸餾，這種水完全不受有機物污染。

表15：健康成年人血漿純水的穩定氫氧同位素δ值*

樣品編號	性別	年齡	採血日期	$\delta^{18}O$ ($^0/_{00}$)	δD ($^0/_{00}$)
			隨機組		
1	男	67	11/07	-5.72	-41.2
2	男	55	07/08	-5.56	-40.4
3	男	43	10/08	-5.78	-42.6
4	男	29	04/09	-5.67	-33.6
5	女	27	04/09	-7.67	-44.3
6	女	31	05/09	-7.81	-39.6
			空腹組		
7	女	39	12/09	-5.87	-37.1
8	女	43	12/09	-4.22	-31.5
9	男	45	12/09	-5.02	-34.5
10	男	30	12/09	-4.37	-34.8
11	女	41	12/09	-4.34	-38.1
			平均值（標準偏差）		
全員		41 (12.1)		-5.63 (1.2)	-38.0 (4.1)
隨機		42 (16.2)		-6.37 (1.1)	-40.3 (3.7)
空腹		40 (5.8)		-4.76 (0.7)	-35.2 (2.6)

＊數據來源：本書作者實驗室

觀察表15中「血漿純水」的同位素比值，我們發現「血漿純水」的水分子組成並非單一水分子（$^{1}H_2{}^{16}O$）的「純水」。這數據說明人體內的水和天然水同樣都是「混合水」，差別在於D/H與$^{18}O/^{16}O$的不同比值而已。

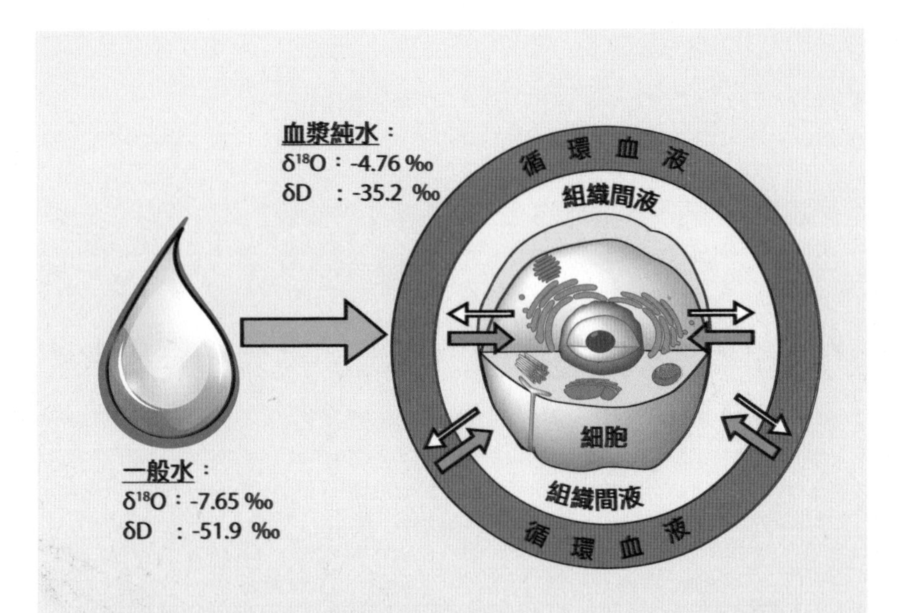

圖34：一般水（2007年11月15日，台北市自來水）與當天採血分析的穩定氫氧同位素比值

我們為什麼特別注意這個現象？因為水和空氣都是自然界存在的混合物，而「血漿純水」的δ值告訴我們，這兩種混合物進入人體血液的機制並不相同。對於空氣，人體以肺臟的肺泡器官來篩選空氣中約21%的氧氣；對於水，雖然人體偏好輕的元素，體內並沒有演化出任何器官從「混合水」中篩選比較輕的單一種類的水分子（$^{1}H_2{}^{16}O$）「純水」，反而允許「混合水」直接進入血液循環系統。顯然地，人體的組織和上述的單細胞細菌、禽類都需要「重」的同位素。「混合水」是提供重氧及重氫的來源，單一種類別水分子的「純水」 無法提供。

我們必須再一次重申：**生物需要「重」同位素。**

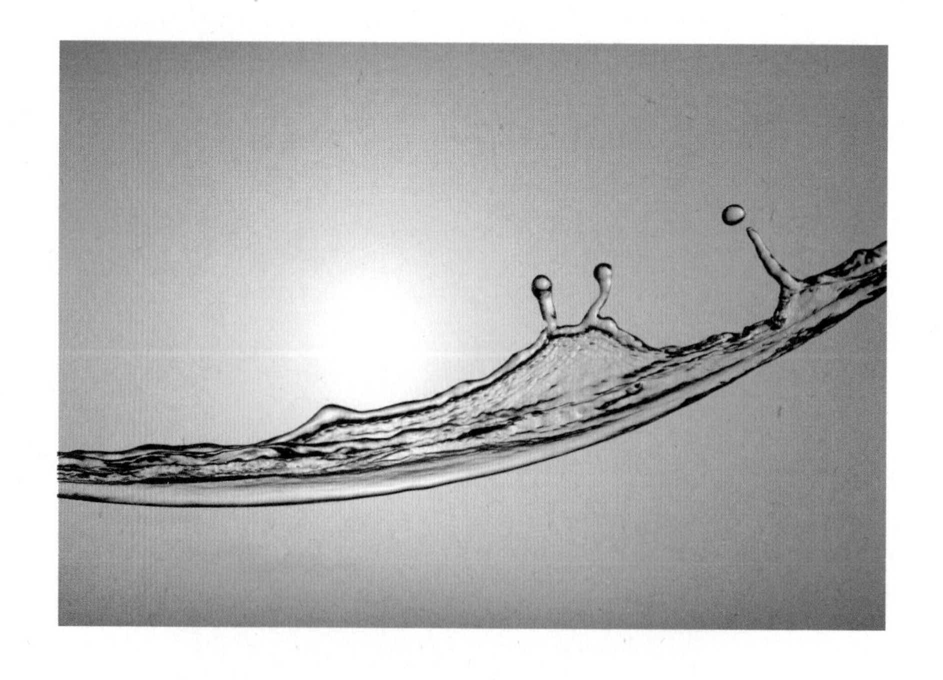

3-7 體內水攜帶健康訊息

——善用水記憶，病兆現端倪

血液檢查是檢視人體健康狀態時，不可或缺的檢查項目。血液由血球和血漿組成，血球浮游在血漿上，包括紅血球、白血球、血小板等；而血漿溶有各種蛋白質，還有尿素、尿酸、胺基酸、有機酸、脂肪、賀爾蒙及無機物質等非蛋白質溶質，約占體積10%。血液的一般性檢查主要是檢測這些成分是否在正常值內，不過，血漿中占有體積約90%的水分，目前為止，人體中的「水」並沒有列入檢查項目。

體內的水，長久以來被認為只是一種溶劑的角色，血液中的水不可能攜帶有關生命現象重要的訊息，因此從未列入檢查的項目。事實上，水的角色並非單純只是分散細胞內生命分子的溶劑而已，水還直接參與代謝反應，例如蛋白質、澱粉類多醣、核酸、去氧核醣核酸、脂質的合成與分解。其他小分子，例如腺苷三磷酸（ATP） 的合成與分解也需要水的進出才能完成。水既然參與細胞內的多項反應，應該具有攜帶細胞生活訊息的本質，問題是，簡單的水分子要怎麼攜帶訊息？

分子要攜帶某種訊息，本身必須具備訊息記憶的構造。例如偶氮分子（-N=N-），在光／熱環境的順／反不同構造將螯合體記憶在順式構造（圖35A）。與偶氮分子不同，水分子是利用集合式構造作為記憶構造。例如水在常溫下為液態，高溫時為氣態水蒸氣，低溫時為固態冰晶。固態冰晶各分子的相對位置記憶牢固，一切記得清清楚楚，不論溫度或壓力再怎麼改變，最後還是能夠記住這三態（圖35B）。

又如雙親性分子，在高濃度環境中排列成分子膜及微泡構造（圖35C）。液態水由水分子間氫鍵結合形成水團構造（clusters），但是氫鍵維持的壽命只有微微秒（10^{-12}/sec），所以以氫鍵形成的水團作為訊息的記憶構造機率微乎其微。不過，液態水還有另一個特殊的構造面向——「水分子的穩定氫氧同位素組成狀態」。

「混和水」九種水分子的組成狀態就是最好的記憶構造。

全球各地雨水的同位素δ值，健康人血漿純水的同位素δ值，都是以水分子的集合體作為記憶構造的最佳寫照（表15、圖20、圖21）。

水分子的集合體既然可以作為一種記憶構造的模式，檢測健康人和病人體內水分子的集合體構造（δ值）的差異，理所當然能夠作為評估健康狀態的檢查項目之一。

法國科學家賓文尼斯特（J. Benveniste，1988）曾經在《自然》科學期刊發表了一篇令人吃驚的研究報告，表明「水有記憶」。他在人類嗜鹼性粒細胞的去粒化實驗裡，發現IgE（免疫球蛋白質抗體）溶液的濃度即便已經過稀釋，其濃度低得幾乎就像只是一般純水，抗體依然還是保留了去粒化的活性。換句話說，液態水能夠保留曾經接觸的物質的特性。這一違反常理、極具爭議性的研究報告造成學界的軒然大波，最後賓文尼斯特不得不離開原來的實驗室。

賓文尼斯特於1970年發現了血小板刺激因子，而後便開始享有國際聲譽。他於2004年10月3日在法國巴黎去世。

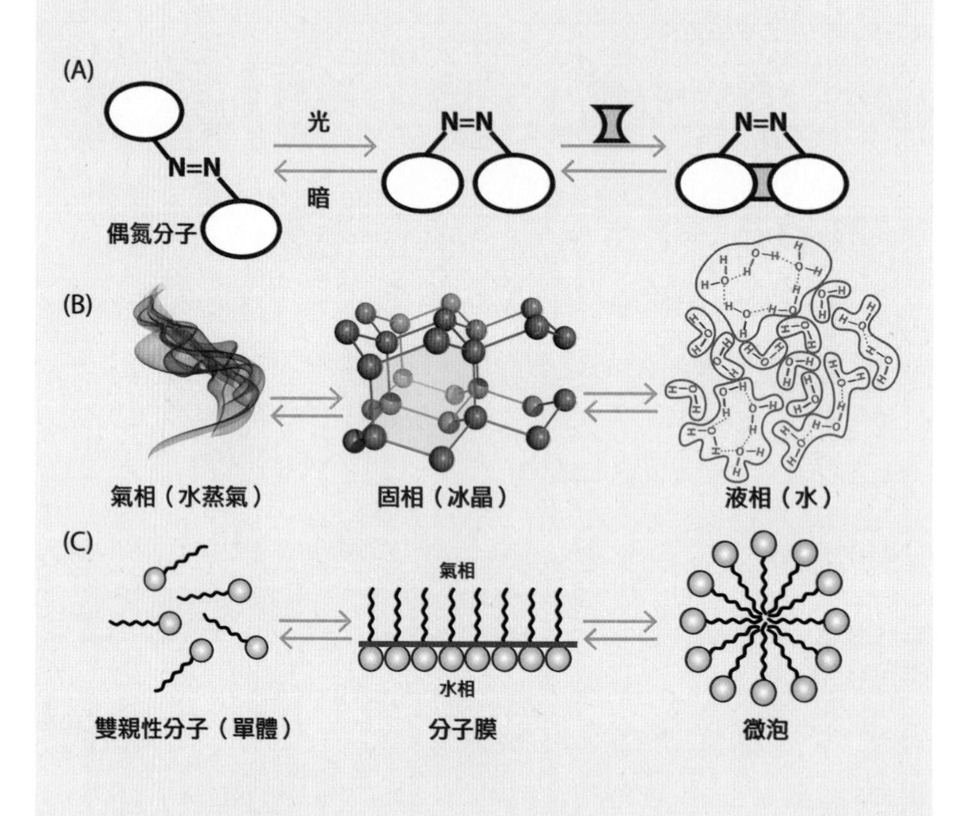

圖35：記憶分子

(A) 反—順螯合記憶分子。

(B) 水分子三相記憶。

(C) 單體集合記憶構造。

3-8 血漿純水同位素組成狀態

——人體的淨水製造廠：腎臟

臨床血液檢查，係依據臨床診斷的需要，對血液中所含成分是否在正常值內進行檢測。例如：肝功能方面，檢查天門冬氨酸轉氨酶、丙氨酸轉氨酶與三酸甘油脂等；腎功能方面，檢查尿素氮、肌酸酐和尿酸等；新陳代謝方面，檢查總膽固醇、糖化血色素等（表16）。這些成分在體內的多寡，被視為檢視器官以及身體代謝功能的指標。這些指標的形成與相關性是醫學上長時間研究所累積的成果。

血漿水的穩定氫氧同位素δ值與器官生理功能的相關性，目前為止，沒有這方面的相關資料。血漿純水的δ值倘若偏離正常值，可能不容易找出哪一個器官的功能有異常現象。不過，我們如果以器官生理功能異常病人的血漿純水所表現出來的δ值，來對照健康人的平均值，應該可以找出兩者是否具有相關性。

表16：血液生化學檢查項目及其功能與相關疾病*

檢查項目	正常值	常見的疾病
天門冬氨酸轉氨酶（AST又稱GOT）	8～31 μ/L	肝功能，病毒性肝炎，脂肪肝等
丙氨酸轉氨酶（ALT又稱GPT）	0～41 μ/L	肝功能，病毒性肝炎，脂肪肝等
血清蛋白總量（TP）	6.4～8.7 g/dL	異常偏低：肝硬化、猛爆性肝炎
尿素氮（BUN）	7～25 mg/dL	腎功能異常
肌酸酐（CRE）	0.6～1.3 mg/dL	腎功能異常
總膽固醇 (T-CHO）	＜200 mg/dL	血脂肪、代謝症候群、高血脂症等
三酸甘油脂（TG）	＜150 mg/dL	肝功能
糖化血色素（HbAlc）	3.8～6.0%	糖尿病、胰島腺瘤等
尿酸（UA）	（男）4.4～7.6mg/dL （女）2.3～6.6mg/dL	痛風、腎臟病等

*正常值係以台大醫院的標準為例

哪一種器官生理功能異常的病人，最有可能影響血漿純水同位素組成狀態的改變？這問題我們可以從人體和水最密切的器官進行探討，相信能夠找到答案。

人體和水最密切的器官是腎臟。腎臟不但是體內最大的污水處理場，也是最大的淨水製造廠。如果以一桶200公升計量，成年人一年淨化血液的量，共324桶，負荷相當沉重。

腎臟功能如果因故衰退到正常的5%以下，體內代謝所產生的廢棄物便無法有效排出，這將引起諸如嘔心、貧血、意識喪失等症狀，也就是俗稱的「尿毒症」(uremia)。這時如果沒有機會換腎，就必須借助血液透析(洗腎)或腹膜透析(洗肚子)的方式排除體內的代謝廢物，藉以延續生命。

台灣人洗腎的平均年齡63歲，大約過濾兩萬桶血液之後，有些人的腎臟就會失去功能。按衛生署2010年10月的焦點新聞，「台灣洗腎發生率近年來高居世界之冠」。

2011年美國腎臟資料登錄系統（USRDS）的報告，台灣洗腎發生率已降低到第四名。但是，依健保署資料，2014年健保醫療費用支出十大排名中，洗腎費用高達了371億，排名第一位。

腎臟的功能單位是「腎元」。人體一對「腰子」約有200萬單位，每個單位由腎小球、腎小管，亨利氏管、集尿管所構成。血液流經腎小球，利用血壓差進行過濾，血液中各種物質除了體積大的血球、蛋白質之外，其餘物質過濾後，流入腎小管。腎小管會從濾液中挑選可重覆利用的物質再吸收，使之回到血液中。有毒廢棄物及多餘水分則送往集尿管，最後形成尿液。器官的水進、水出，需要經過細胞膜上的穿膜蛋白水通道，目前哺乳類動物已知的水通道有十三種（表11），腎元所含有的水通道就占有七種，是體內配置最多種水通道的器官。其中，腎小管配有AQP1、AQP7及AQP8三種，集尿管配有AQP2、AQP3、AQP4及AQP6四種。濾液中大概80%的水是經由腎小管AQP1被再吸收進入血管，有18%至19%由集尿管再吸收回血液中。亨利氏管的腎小管上行枝上皮細胞沒有穿膜蛋白水通道，水分在這區段不會再被吸收（圖36）。

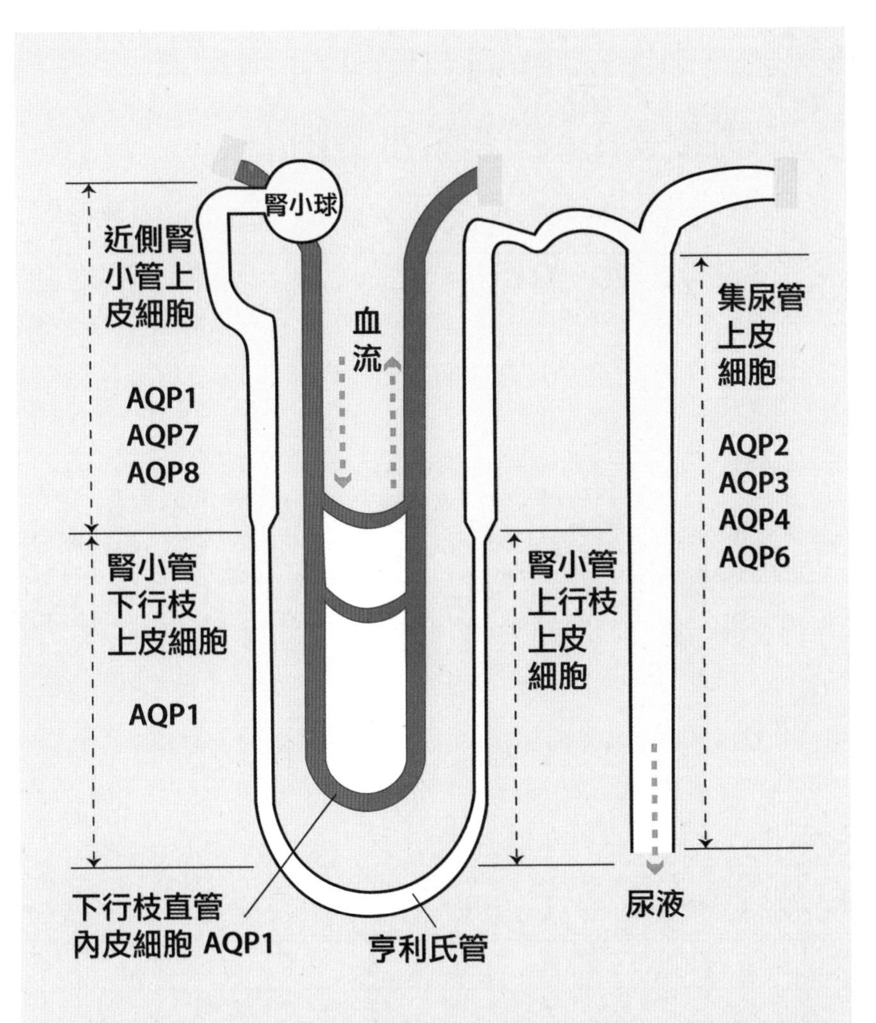

圖36：腎元構造及穿膜蛋白水通道（AQP）的所在位置

（參考L.S. King, 2004製作）

3-9 一般腎臟功能的評估
——重視溶質，卻忽略水溶劑

目前各醫院及健檢中心對於腎臟功能的評估，普遍採用的檢測方法有四種，茲分別介紹如下。

(1)血液中肌酸酐（Cr）濃度

肌酸酐是由身體肌肉活動所代謝出來的廢棄物質，健康人每天有一定的生成量。血液中肌酸酐經過濾後在腎小管並不會被再吸收，所以排出的量可以反映血液中肌酸酐的含量和腎小球的過濾速率，是很好的腎功能評估指標。腎臟倘若受到傷害，肌酸酐排泄受阻，血液中肌酸酐濃度就會升高。血液中肌酸酐濃度不受食物種類影響，但是與肌肉的量有關，肌肉比較多的男人會比瘦小的女人濃度來得高些。正常值為1.5 mg/dl以下。

(2)血尿素氮（BUN）濃度

尿素是蛋白質代謝最後產生的廢棄物，其排泄方式是由血液運送到腎臟，經腎小球過濾，除了小部分在細尿管會被再次吸收之外，大部分會從尿中排出體外。檢測血液中尿素氮可以評估腎臟對蛋白質代謝產物的排泄效率。尿素氮正常值是20 mg/dl以下，倘若腎臟機能受損，尿素氮不能順利排出，血液中尿素氮值就會偏高。

(3)肌酸酐清除率（CCr）

評估腎臟排除廢棄物的能力，必須觀察每分鐘腎臟能夠清除多少毫升的肌酸酐。在臨床上，這個方法廣泛使用在幫助腎臟病病人分期，清除率越低，表示腎臟病越嚴重。具體方法是收集24小時尿液（計算尿量），檢測尿中肌酸酐及血液中肌酸酐濃度，計算公式詳見「式4」。

（式4）

CCr = UV/P (ml/min)

U： 尿中肌酸酐濃度 (mg/dl)
V：1分鐘尿量 (ml/min)
P：血液中肌酸酐 (mg/dl)
正常值＞100 ml/min

(4)腎絲球過濾率（eGFR）

腎小球由布滿微血管的球狀腎絲球所組成，形狀類似棒球手套的鮑曼氏囊將之整個握住。腎小球的主要功能是血液的「過濾」。腎絲球就像濾網，如果濾網因故受損，網孔變大，過濾效果就會變差，濾液（血液）中廢棄物的濃度將因此而升高。腎絲球過濾率，是利用血清中肌酸酐的測量值評估腎絲球每分鐘過濾量（ml/min），以之作為慢性腎臟病的分期，一般分為五期。

第一期：腎功能正常微量蛋白尿（≧90 ml/min/1.73m^2）

第二期：輕度慢性腎衰竭（60～89 ml/min/1.73m^2）

第三期：中度慢性腎衰竭（30～59 ml/min/1.73m^2）

第四期：重度慢性腎衰竭（15～29 ml/min/1.73m^2）

第五期：末期腎臟病變（<15 ml/min/1.73m^2）

第一、二期腎臟功能約正常人的60%以上，第三、四期腎臟功能約正常人的15%至59%，第五期腎臟功能只剩下正常人的15%以下（台灣腎臟醫學會資料）。

腎臟病患者血漿純水的狀態

——監測純水同位素，及時作預防

腎臟就像一台過濾機，而血液是溶液，溶液中除了溶質之外就是溶劑，評估一台過濾機的好壞通常是看過濾後的溶液（母液）還含有多少溶質，溶質越少表示過濾機的過濾效果越好。前述腎功能的評估方法採用的就是這種方法。接下來介紹的方式，則是以溶液中的溶劑進行評估。

我們以32名末期腎衰竭病患為試驗對象，觀察他們的血漿純水，其中27名正在接受血液透析治療，另外5名經臨床檢測已屬末期腎衰竭，但是沒有接受血液透析治療。還沒有接受血液透析治療的腎衰竭病患，因為不會受到透析液的影響，病患的血漿純水可以充分表現出原有的同位素組成狀態（表17）。32名受試患者血漿純水的分離和前述11名健康成年人血漿純水的處理方法相同（詳見3-6〈體內水的同位素組成狀態〉，P.137），先以無水氯化鈣間接脫水後真空蒸餾。

表17：末期腎衰竭（未透析治療）患者腎功能檢測數據（空腹採血）及血漿純水的同位素δ值*#

末期腎衰竭（未透析治療）	性別	採樣日期	Cr (mg/dl)	BUN (mg/dl)	eGFR ($ml/min/1.73^2$)	$\delta^{18}O$ (‰)	δD (‰)
1	女	09/2009	1.9	40.0	28.29	-12.59	-78.6
2	男	09/2009	4.8	77.0	12.24	-12.55	-76.6
3	女	09/2009	5.9	92.0	10.12	-12.31	-67.4
4	男	09/2009	2.2	42.0	30.69	-11.61	-69.1
5	男	09/2009	2.8	64.0	23.93	-10.39	-70.5

Cr：血清肌酸酐，正常值（男）0.7～1.5 mg/dl；（女）0.5～1.2 mg/dl

BUN：血中尿素氮，正常值7～20 mg/dl

eGFR：估計腎絲球過濾率，正常值 ≧ $90ml/min/1.73m^2$

＊2009/09/21台北市自來水：$\delta^{18}O$ = -5.96（‰）；δD = -45.6（‰）

＃數據來源：本書作者實驗室

下一頁表18呈現的是全部患者血漿純水的穩定氫氧同位素比值分析的結果。很明顯，患者的δ值全部比健康成年人低。5名還沒有接受血液透析治療病患的δD值與$\delta^{18}O$值均低於健康成年人空腹採血比值的兩倍以上。這結果很令人興奮，顯然，腎臟功能和血液中的水是有相關性。利用血漿純水的同位素組成狀態作為腎功能的評估方法是可行的。

腎臟病真正的原因並不清楚，及時預防、早期發現早期治療是免除洗腎最好的方法。但是要早期發現，甚至及時預防，必須要有高靈敏度的檢測方法。目前普遍採用以蛋白質代謝產物為指標來進行評估，然而，這個檢測方式的遺憾是，腎臟破壞的程度未達一半時，尿素氮及肌酸酐並不會升高。更何況肌酸酐還會受肥胖、性別、年齡、種族的影響，而尿素氮也會受水分、攝取大量蛋白質食物的影響。

也就是說，傳統的檢測方式，從溶質的分析進行腎功能的評估，這樣的作法，一旦檢測出來腎功能有問題，一般都已經是相當嚴重的情況，很難符合及時預防的需求，也很難落實早期發現早期治療的期望。

同位素是相同的元素、不同的原子，病患與健康人之間血漿純水同位素比值的差異發生在原子層次，這個新發現對於落實「早期預防、早期治療」的醫療觀念，應該有相當大的助益。

表18：末期腎衰竭患者與健康人血漿純水的穩定氫氧同位素比值*

受試人數（狀態）	年齡	δD (‰)			δ^{18}O (‰)		
		平均值（σ）	最高值	最低值	平均值（σ）	最高值	最低值
27名（透析治療中）（男16名，女11名）	38~94	-59.10 (11.5)	-40.1	-82.1	-10.37 (2.9)	-5.44	-15.95
5名（未接受透析治療）（男3名，女2名）	65~82	-72.4 (4.9)	-67.4	-78.6	-11.89 (0.9)	-10.39	-12.59
6名（健康人）隨機採血	27~67	-40.3 (3.7)	-33.6	-44.3	-6.37 (1.1)	-5.56	-7.81
5名（健康人）空腹採血	30~45	-35.2 (2.6)	-38.1	-31.5	-4.76 (0.7)	-5.87	-4.22

*數據來源：本書作者實驗室

3-11 糖尿病患者血漿純水的狀態

——找尋高敏度的檢測法，預防腎病變

醫界很早就知道糖尿病患者可能出現腎臟病變，末期腎衰竭患者有30%至40%是糖尿病所引起。

糖尿病主要分為兩種：

(1)**非胰導素依賴型（二型糖尿病）**：病人體內對胰導素產生抗阻性，絕大部分糖尿病患者都屬於這一型。

(2)**胰導素依賴型（一型糖尿病）**：人體的胰臟無法產生胰導素，終生都必須依賴胰導素治療，約有5% 是屬於這一型。

根據流行病學的統計，一型糖尿病患者有合併腎臟病變為25%至40%，二型糖尿病患者有合併腎臟病變為5%至40%。國家衛生研究院2003年在北、中、南36家社區診所進行的「二型糖尿病腎病變流行病學特徵調查」，發現糖尿病患者罹患初期腎病變的盛行率是27.4%。糖尿病腎病變的病人死亡率也很高，其中以心血管疾病為主。早期診斷糖尿病及預防糖尿病併發症，與延緩末期腎病變的發生一樣，都是相當重要的課題。

微量白蛋白尿在臨床上是預測糖尿病腎病變的重要指標，但值得注意的是，部分患者在腎臟功能逐漸衰退的時候，並沒有明顯合併白蛋白尿，真正的原因目前還不清楚，定期追蹤血液中肌酸酐及腎絲球過濾率是必要的。

我們在末期腎衰竭患者的血漿純水中發現，其同位素比值明顯低於健康人，如果糖尿病患者血漿純水也表現出較低的比值，血漿純水的「穩定氫氧同位素組成狀態」，將有機會作為糖尿病患者合併腎病變的早期診斷指標。

為此，我們以5名高血糖濃度的患者作為受試者，其中4名的血糖值已超過標準值範圍，但是血清肌酸酐（Cr）及預估腎絲球過濾率（eGFR）都在正常值範圍內，這能夠表示同位素比值不是受到腎臟病變的影響。分析5名高血糖濃度受試者的「氫氧同位素比值」後發現，高血糖患者血漿水純水的同位素比值並沒有特別低，而是相當接近於健康人（表19）。

這個結果表示，糖尿病患者在腎臟功能還沒有損害之前，血漿中水的同位素組成狀態並不會表現出異常。

血漿中的血糖值已超過健康人的正常值，而腎臟功能沒有表現出異樣的受試者，我們認為其血漿純水的同位素比值是最值得追蹤的目標，因為同位素比值倘若偏離健康人比值，很有可能暗示腎臟已開始受到傷害。因此，糖尿病患者定期追蹤血漿中水的同位素組成狀態，可以幫助早期發現腎臟病變。

表19：糖尿病患者血漿中水的氫氧同位素比值（空腹採血）*

受試人	性別	年齡	Cr (mg/dl)	eGFR (ml/min/1.73^2)	血糖值# (mg/dl)	$\delta^{18}O$ (‰)	δD (‰)
1	女	61	0.6	108.38	198	-4.11	-36.1
2	女	74	0.5	128.54	102	-4.25	-28.1
3	女	76	0.6	103.58	153	-4.14	-38.7
4	女	60	0.8	75.81	181	-3.50	-29.3
5	男	61	1.0	81.01	170	-4.18	-38.2
平均值 (標準差)		68.4 (7.1)	0.7 (0.2)	99.46 (21.46)	160.8 (36.7)	- 4.04 (0.3)	-34.08 (5.0)

依美國糖尿病學會標準：正常成人空腹血漿中葡萄糖的濃度(血糖值) ＜115 mg/dl；飯後2小時血糖 ＜140 mg/dl

＊數據來源：本書作者實驗室

糖尿病的診斷一般以血液中血糖為主要檢測標的。另外有尿糖檢測，糖尿病因患者胰島素缺乏或組織有胰島素抗性，葡萄糖不能被有效利用，血液中葡萄糖濃度因而上升，當血液中葡萄糖上升到某一程度，超過腎臟再吸收的極限時，葡萄糖便從尿液漏出來，檢測尿液中血糖濃度也是作為診斷的標準之一，特別是受檢者不方便抽血的情況下。然而，尿糖檢測的敏感度比較低。

由過去的文獻得知，科學家曾經以糖尿病動物模式的尿液純水進行同位素比值分析（S.P. O'Grady，2010），結果以鏈脲左菌素（STZ）誘發糖尿病的老鼠，其同位素值為δD：-101.9 ‰；δ^{18}O：-10.6 ‰；而健康老鼠的同位素值為δD：-88.6 ‰；δ^{18}O：-7.9 ‰。糖尿病老鼠尿液純水的穩定氫氧同位素比值要比正常老鼠為低。

至於臨床上糖尿病患者尿液純水的穩定氫氧同位素組織狀態，目前我們正在進行相關的分析，期待以嚴謹的科學觀察，提供可信的數據與發現。

3-12 癌症患者血漿純水的同位素組成狀態

——水的輕重配置＝自體抗癌機制

台灣癌症的死亡率在衛服部民國103年公布的十大死因中排名第一位。其實，這二、三十年來，癌症一直都是死亡率榜首。癌症初期並沒有什麼症狀，早期發現、早期治療，以及健康管理是最好的因應之道。

檢測血液中一些特殊的成分，以之作為早期發現癌症的參考已經應用在臨床上（表20）。這方法是利用人體在出現腫瘤時，癌細胞會產生和正常細胞不同的物質，包括蛋白質、賀爾蒙、抗原、酵素等，因而以此作為檢測標的。雖然這些物質在健康人的血液中偶爾也會出現，但是量並不多，抽血檢查，倘若血液中這些物質的含量上升，有可能是癌細胞繁殖所致。這些物質一般被稱為癌症指數，也就是血清腫瘤標記。這些標記雖然專一性與敏感性稍嫌不足，但是對於作為早期診斷、治療前後的追蹤確實有其重要性。

表20：常用的腫瘤標記

腫瘤標記	相關癌症
甲型胎兒蛋白（AFP）	肝癌、生殖細胞癌
癌胚抗原（CEA）	大腸癌、肺癌、胰臟癌、乳癌、泌尿道癌
攝護腺特殊抗(PSA）	攝護腺癌
CA 125	卵巢癌、子宮癌
CA 15-3	乳癌、卵巢癌
CA 19-9	胰臟癌、胃癌

腎衰竭患者血漿純水的穩定氫氧同位素比值明顯低於健康人，表示腎衰竭患者的病變組織，對水的同位素代謝分化不同於健康人，我們認為癌細胞也可能在水的同位素代謝分化上，表現出不同於健康人的狀態。我們對於癌症患者血漿純水同位素分析的試驗，記錄如後。

我們分析9名癌症患者血漿純水的穩定氫氧同位素δ值。這些患者的血清肌酸酐指數（Cr）都在正常值內（0.5～1.5 mg/dl），表示這些患者的腎功能正常，血漿純水的同位素δ值所受的影響，應該可以摒除腎功能不全的可能性。9名癌症患者的數據分析的結果如我們所預測，亦即，δ^{18}O值與δD值都比健康人低很多（表21）。

表21：台灣癌症患血漿純水穩定氫氧同位素比值*

病者	病名	性別	年齡	$\delta^{18}O$ (‰)	δD (‰)	Cr (mg/dl)
1	乳癌	女	41	-24.33	-97.9	0.7
2	血癌	男	45	-14.23	-73.7	1.0
3	胃癌	男	57	-20.96	-89.8	1.1
4	子宮頸癌	女	48	-9.96	-57.6	0.6
5	大腸癌	女	65	-8.69	-46.1	0.8
6	乳癌	女	41	-16.02	-82.4	1.0
7	大腸癌	女	82	-16.59	-82.8	0.7
8	乳癌	女	48	-15.36	-64.5	1.1
9	肝癌	男	46	-13.0	-65.3	1.3
健康人平均值				-4.75	-35.2	

＊數據來源：本書作者實驗室

翻閱過去文獻，我們看到羅馬尼亞科學家巴迪亞（P. Berdea，2001）的研究，說明癌症患者血漿純水的重氫比值（δD）明顯低於健康人。報告中指出中歐地區飲用水的δD值為 -69‰，健康人血漿純水的δD值為 -37‰，但是癌症患者血漿純水卻遠低於健康人（表22）。

距離台灣半個地球的羅馬尼亞，不但健康人血漿純水的δD值幾乎和台北健康人相同（表15、表22），其在癌症患者血漿純水所檢測出來的差異，基本上跟我們在台灣癌症患者所測試的結果是一樣的，這使我們對整個試驗內容的正確性與準確度充滿了信心。

表22：羅馬尼亞癌症患者血漿純水的氘值*

患者	病名	δD（‰）
1	大腸	-99.4
2	胰臟	-137.1
3	胰臟	-80.0
4	胃	-87.1
5	胃	-65.2
6	大腸	-72.0
7	直腸	-82.0
8	胰臟	-69.7
9	大腸	-78.1
健康人		-37.0

＊資料來源：P. Berdea，2001

血漿純水是人體細胞外的水。細胞外水的同位素δD值低，表示細胞內水的同位素δD值可能比較高。換言之，細胞內「重的水」含量比較多。如果細胞內「重的水」濃度較高，化學反應速率將因「同位素效應」而變慢。

前面我們提到有關重水（D_2O）抗癌研究的文獻（2-9〈重水的抗癌活性〉，P.104），其抗癌作用是重水有效減緩癌細胞增殖的結果。根據過去的文獻以及我們自己的試驗數據，我們如是推測：癌症病患血漿純水同位素δD值之所以低於健康人，很可能是病變細胞將細胞內的「輕水」往外送，細胞外「重的水」往內擴散，藉以增加細胞內「重的水」的濃度，以降低細胞內化學反應，達到減緩細胞增殖的效果，也就是說，這是一種人體「自我保護」的機制（圖37）。我們推測，腎衰竭患者可能也是相同的機制。

圖37（見下頁）：癌症患者血漿純水穩定氫氧同位素比值偏低的模型

細胞因故病變，細胞內液「輕」的水往外送，細胞外液「重」的水往內擴散，目的是為了提高細胞內「重」的水的濃度，以減低細胞內化學反應速率，減緩細胞增殖，這可說是細胞「自我保護」的一種機制。

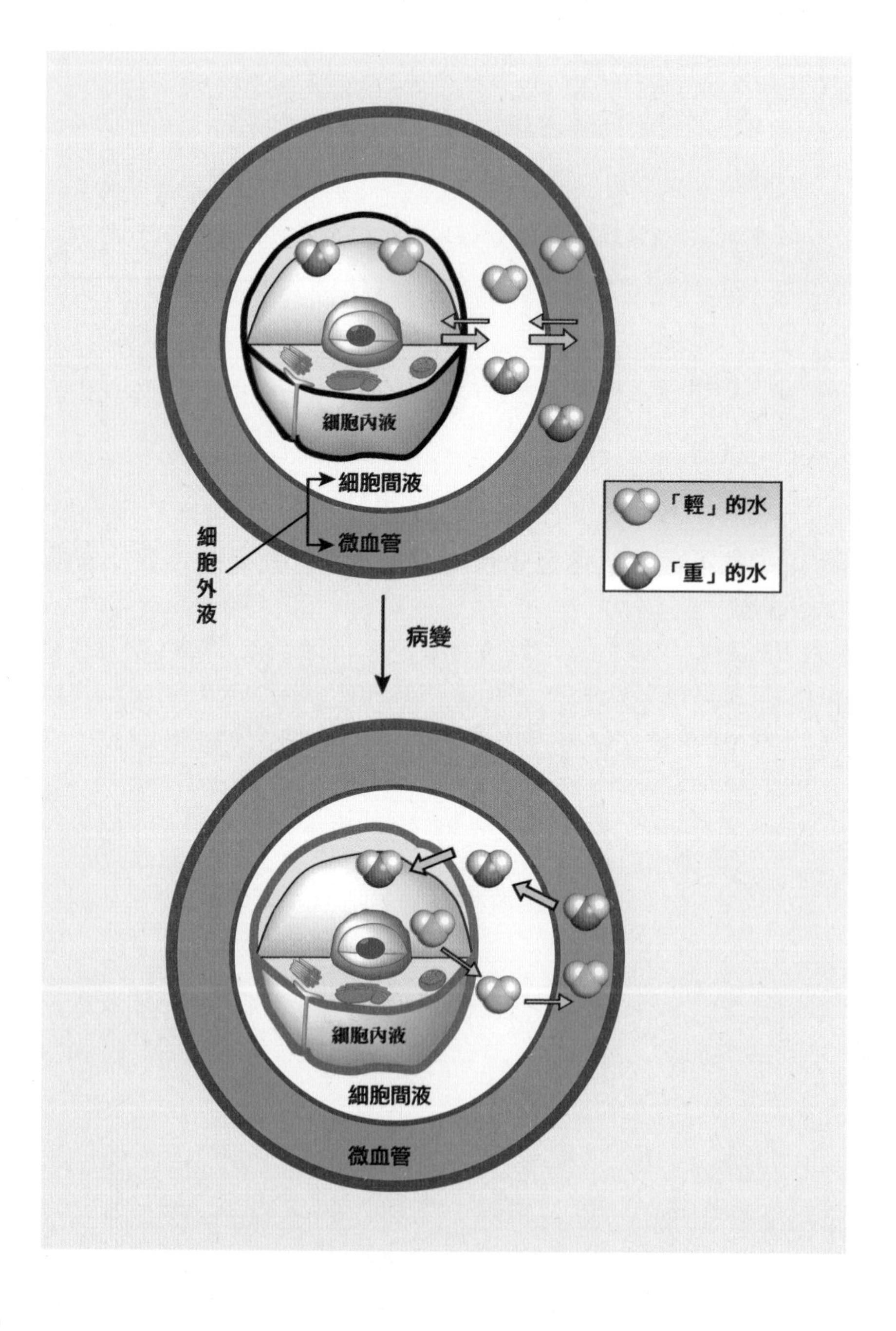
細胞內液
細胞間液
微血管
細胞外液
「輕」的水
「重」的水
病變
細胞內液
細胞間液
微血管

3-13 關心自己體內水的狀態

——65%的水，透露100%的健康訊息

健康檢查的目的是要了解自己身體的健康狀態，檢查的項目依各醫院或健檢中心多少會有些不同，但是一般檢查中最基本的體溫、脈搏、血壓等則是必要的項目，因為這些項目屬於全身性生命活動表現出來的訊息。雖然訊息不會明確地告訴我們哪一個器官組織出現異常，卻可以綜觀身體基本功能是否運作正常。

血液檢驗，同樣是健康檢查必要的項目。不過血液檢驗的項目是以血液中特定成分為標的，檢驗出來的數據只限定於相關器官組織的健康狀態，例如「血清肌酸酐的多寡」就是用以評估腎臟功能的一項重要指標。

然而，就像前文所提及，目前的血液檢驗幾乎是「溶質」的檢驗，對於不可或缺的「溶劑」卻往往漠視。根據我們的研究，我們認為，血液中純水的「穩定氫氧同位素組成狀態」是用以評估全身性健康狀態的最佳的指標。

血液中純水的穩定氫氧同位素組成狀態，是細胞內液、間質液、細胞外液之間不停相互擴散的結果。水的組成狀態，可以說是一種細胞生活用水的記錄器，倘若同位素的組成狀態偏離了健康人應有的狀態，這表示身體已亮起了紅燈。

所以血液中純水的同位素組成狀態，就像是體溫、脈搏、血壓等，其透露出來的訊息能夠反映出全身性的生命活動。上述腎臟疾病和癌症只是其中的兩個例子，其他疾病我們正在持續探討中。

人體體重的65%是水。一個體重60公斤的成年人，體內有39公斤的水，這麼多的水是否處在健康狀態？唯有血漿純水的穩定氫氧同位素組成狀態可以回答我們這個問題。因此，每一個人都應該隨時關心自己體內水的狀態。

Column 3

麻醉藥怎樣在人體內發揮效用？

氣體水合物與麻醉

什麼是氣體水合物？水分子組成的冰晶結構空隙中包覆了氣體分子，這些氣體分子所形成的籠狀構造就稱為「氣體水合物」（gas hydrates 或 clathrate hydrates）。

冰晶結構空隙中的氣體分子和水分子之間，並不須要任何的化學或離子鍵結。換句話說，幾個水分子以氫鍵編織的籠子結構，將氣體分子像鳥一般給關起來。自然界的「氣體水合物」有甲烷、乙烷、丙烷、異丁烷、正丁烷、氮、二氧化碳、硫化氫等，其中以甲烷最為普遍。甲烷水合物又稱可燃冰，由於冰晶含有大量甲烷，故而被認為是次世代的能源。

關於「氣體水合物」，早在1811年，英國化學家戴威（Davy）就在皇家化學會的演講上提出：低溫、有水的狀態下，導入氯氣，可以得到黃色「氯氣結晶」。十二年之後，他的研究助手法拉第（Faraday 1823）進一步說明：黃色「氯氣結晶」具有很好的結晶性，有樟腦一般的昇華性，分子組成為$Cl_2 \cdot 10H_2O$。這可說是把「氯氣結晶」的特性明確化。

一百四十年之後，鮑林（Pauling）對氯氣結晶感到興趣，以X光結晶繞射對結晶進行精密的分析，確認了戴威的「氯氣結晶」是「主－賓」包裹化合物。也就是說，「氯氣結晶」是水分子形成宿主籠子，將氯分子來賓包裹在內的氣體水合物。以研究化學鍵結論聞名的鮑林，先後獲頒諾貝爾化學獎及和平獎。他還沒有進入量子力學前曾經在加州理工學院（Caltech）從事X光結晶繞射分析的工作。

鮑林在1961的科學期刊上，發表28個水分子所形成16面體的籠狀構造（圖38），籠內可以包覆氯仿（$CHCl_3$）、四氯化碳（CCl_4）等分子。德國波昂大學的史達格柏（Stackelberg），同樣是以X光繞射法致力研究氣體水合物的知名科學家，他曾經分析過甲基碘（CH_3I）、稀有氣體的氙（Xe）等水合物。

鮑林的好奇心並不止於氣體水合物的結晶構造，他甚至提出氣體水合物和麻醉機制的假說。同時間，米勒（Miller）也提出氣體水合物的麻醉模型。米勒是研究化學進化論的知名科學家。

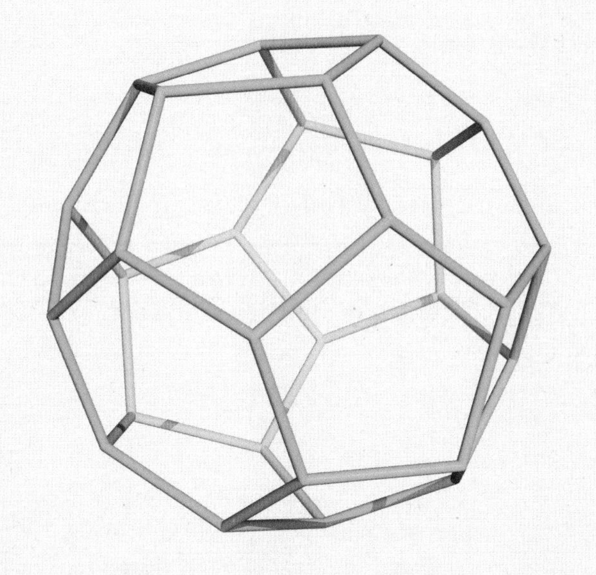

圖38：水分子28個形成16面體的籠狀模型構造

籠內可裝入氯仿或四氯化碳等分子而晶體化。

資料來源：L. Pauling（1961）。

全身麻醉應用在外科手術始於19世紀。氣體水合物發現者戴威，自己曾經以硝酸氨加熱生成的一氧化二氮（N_2O）氣體進行吸入實驗，結果導致顏面肌肉痙攣而呈現出一張「笑臉」，一氧化二氮後來就稱為「笑氣」。笑氣現在使用在牙科手術的吸入式麻醉。

全身麻醉藥物屬於中樞神經非選擇性的作用。吸入式麻醉藥物如笑氣、氙（xenon）、氯仿、環丙烷、氟烷（$CF_3CHBrCl$）等，化學構造上均屬於沒有任何反應活性的化合物，這些親水性相當低的化合物為什麼能在中樞神經起作用？這個疑問，促使鮑林把「全身麻醉機制」和自己研究的「氣體水合物結晶構造」串聯在一起。他認為，麻醉藥物很可能是在腦組織內和水形成了氣體水合物，導致氣體水合物微結晶的形成，因此阻斷腦神經纖維的信號傳遞。基於此，他提出了「麻醉微結晶說」的模型機制（圖39）。

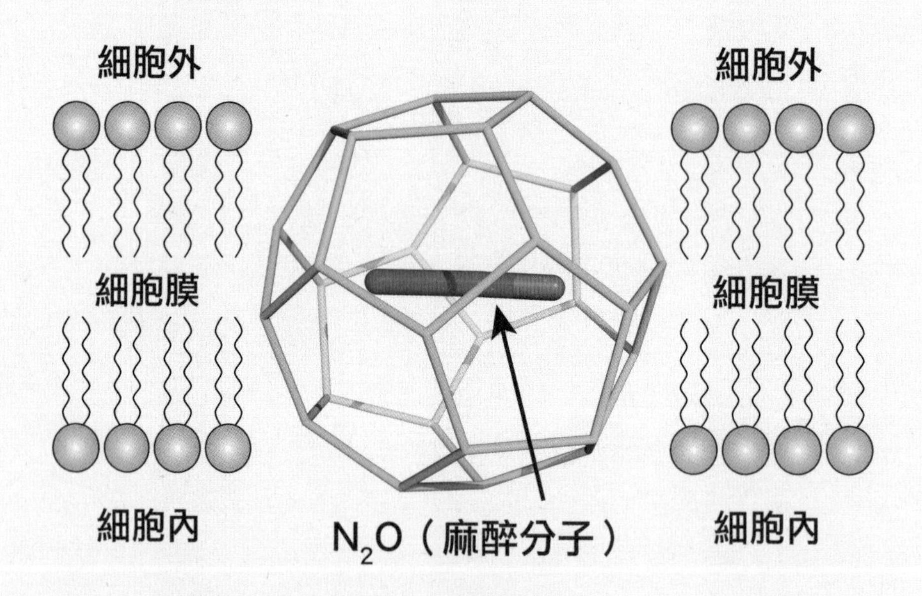

圖39：氣體水合物的麻醉作用示意圖

鮑林清楚氣體水合物必須在低溫、高壓下，才有可能存在。以人體的生理條件下不可能形成。不過，在當時已知有安定電解質氣體水合物的存在，因此他認為體液中的胺基酸等小分子，應該可以幫助氣體水合物微結晶的形成。

國家圖書館出版品預行編目資料

水書 / 郭憲壽, 蕭超隆著. -- 初版. -- 新北市 : 養沛文化館出版 : 雅書堂文化發行, 2017.01
面； 公分. -- (養身健康觀 ; 105)
ISBN 978-986-5665-40-1(精裝)

1.水 2.健康法

369.52　　105024644

SMART LIVING養身健康觀105

水書

Water at the Turning Point : A New Chapter of Water in Life

作　　者／郭憲壽・蕭超隆
發 行 人／詹慶和
總 編 輯／蔡麗玲
執行編輯／李宛真
編　　輯／蔡毓玲・劉蕙寧・黃璟安・陳姿伶・李佳穎
執行美術／陳麗娜
美術編輯／周盈汝・韓欣恬
出 版 者／養沛文化館
發 行 者／雅書堂文化事業有限公司
郵政劃撥帳號／18225950
戶　　名／雅書堂文化事業有限公司
地　　址／新北市板橋區板新路206號3樓
電子信箱／elegant.books@msa.hinet.net
電　　話／（02）8952-4078
傳　　真／（02）8952-4084

2017年1月初版一刷　定價420元

總經銷／朝日文化事業有限公司
進退貨地址／新北市中和區橋安街15巷1號7樓
電話／（02）2249-7714
傳真／（02）2249-8715

作者簡介

郭憲壽

日本名城大學藥學部藥研所博士
美國佛羅里達大學藥學院博後研究員
日本國立大阪大學產業科學研究所研究員
台北醫學大學醫學院名譽教授

蕭超隆

美國喬治亞理工學院化學暨生物化學所博士
美國喬治亞理工學院化學暨生物化學所博士後研究員
台灣大學生化科學研究所助理教授